AF576257

# Entwicklung von Faser-Metall-Laminaten aus Hybridtextilien – FibMet –

Sabrina Jenkel

Bibliografische Information der Deutschen Nationalbibliothek:
Die Deutsche Nationalbibliothek verzeichnet diese Publikation in der Deutschen Nationalbibliografie; detaillierte bibliografische Daten sind im Internet über http://dnb.d-nb.de abrufbar.



Die Forschungsberichte aus dem Faserinstitut Bremen
erscheinen in unregelmäßiger Folge.
Herausgegeben vom
FASERINSTITUT BREMEN e. V. — FIBRE —
Am Biologischen Garten 2
D-28359 Bremen

Der vorliegende Band erscheint als Nr. 62 dieser Reihe im Dezember 2019.

Autorin: Sabrina Jenkel
Titel: Entwicklung von Faser-Metall-Laminaten aus Hybridtextilien (FibMet)

Herstellung und Verlag: BoD – Books on Demand, Norderstedt

ISBN dieses Bandes: 978-3-7504-3139-3
ISSN der Reihe: 1618–7016

# Schlussbericht

zu IGF-Vorhaben Nr. 19300 N / 1

## Thema

Entwicklung von Faser-Metall-Laminaten aus Hybridtextilien (FibMet)

## Berichtszeitraum

01.02.2017 - 31.07.2019

## Forschungsvereinigung

Forschungskuratorium Textil e. V.

## Forschungseinrichtung(en)

Faserinstitut Bremen e. V.

| Bremen, 18.11.2019 | Sabrina Jenkel, M.Sc. |
|---|---|
| Ort, Datum | Name und Unterschrift aller Projektleiterinnen und Projektleiter der Forschungseinrichtung(en) |

Gefördert durch:

aufgrund eines Beschlusses
des Deutschen Bundestages

# Zusammenfassung zum IGF-Vorhaben 19300 N / 1


**_Entwicklung von Faser-Metall-Laminaten aus Hybridtextilien (FibMet)_**

Das Ziel des Forschungsvorhabens bestand in der Entwicklung eines wirtschaftlichen Fertigungsverfahrens für Faser-Metall-Laminate (FML) aus vernähten Halbzeugen im Vakuuminfusionsverfahren sowie der Untersuchung der Laminateigenschaften. Dadurch sollte eine Möglichkeit geschaffen werden, diese Leichtbauwerkstoffe in breiteren Anwendungsfeldern außerhalb des Flugzeugbaus einzusetzen.

Mithilfe von industriellen Stickmaschinen wurde daher zunächst die Möglichkeit untersucht, Metallfolien und Glasfasergelege zu einem einfach zu handhabenden Halbzeug zu vernähen. Die Verarbeitbarkeit im textilen Prozess ist dabei abhängig von der gewählten Metalllegierung. Folien aus unlegiertem Stahl (DC04) mit einer Dicke von 0,1 mm konnten direkt mit der Nähnadel durchstochen und mit dem textilen Halbzeug vernäht werden. Folien aus der auch in kommerziell erhältlichen FML eingesetzten Aluminiumlegierung (EN AW-2024) mit einer Dicke von 0,4 mm konnten hingegen nicht auf diesem Wege verarbeitet werden und wurden daher vor der Verarbeitung perforiert und anschließend auf der Stickmaschine positioniert.

Nach dem Vernähen wurden die hergestellten Hybrid-Halbzeuge im Vakuuminfusionsverfahren mit der Epoxidharzmatrix durchtränkt und ausgehärtet. Die im Rahmen des textilen Prozesses in die Metallfolien eingebrachten Perforationen ermöglichen dabei die Durchtränkung des Laminats.

Durch das Vernähen wird die Anbindung der einzelnen Lagen aneinander verstärkt und die Out-of-Plane-Eigenschaften der hergestellten Laminate größtenteils erhöht. Die In-Plane-Eigenschaften werden aufgrund der in das Metall eingebrachten Schädigungen und der erzeugten Faserverschiebungen mit steigender Stichdichte und Perforationsgröße jedoch verringert.

Der Nachweis zur Herstellung von FML im beschriebenen Verfahren wurde erbracht. Der Einfluss der Nähparameter im textilen Halbzeug-Herstellungsprozess auf den Infusionsprozess sowie der resultierenden Laminateigenschaften wurde untersucht.

Die Entwicklung des textilen Prozessschrittes und die Fertigung der Halbzeuge waren aufwändiger als zunächst angenommen, sodass der Aufwand zur Herstellung der Demonstratoren reduziert werden musste. Eine großflächige Plattenstruktur, die als Demonstrator in eine Kastenstruktur integriert werden sollte, konnte daher innerhalb der Projektlaufzeit nicht realisiert werden. Einzelne kleinere Demonstratorstrukturen zur Darstellung eines mehrfach gekrümmten Profils eines Automobil-Seitenaufprallträgers wurden hergestellt.

**Das Ziel des Vorhabens wurde erreicht.**

# Danksagung

Das IGF-Vorhaben 19300 N / 1 der Forschungsvereinigung Forschungskuratorium Textil e. V. wurde über die AiF Arbeitsgemeinschaft industrieller Forschungsvereinigungen „Otto von Guericke" e. V. im Rahmen des Programms zur Förderung der Industriellen Gemeinschaftsforschung (IGF) vom Bundesministerium für Wirtschaft und Energie aufgrund eines Beschlusses des Deutschen Bundestages gefördert. Dafür möchten wir an dieser Stelle herzlich danken.

Ein besonderer Dank gilt den Partnern aus den im PbA vertretenen Industrieunternehmen, die sich während der gesamten Projektlaufzeit und darüber hinaus mit fruchtbaren Diskussionen, Bereitstellung von Anlagen und materieller Unterstützung eingebracht haben.

Einige Untersuchungen wurden an einem Computertomographie-Gerät GE Phoenix v|tome|x m research eddition an der Universität Bremen durchgeführt. Daher soll an dieser Stelle für die finanzielle Unterstützung der Europäischen und Bremer Wirtschaftsförderung im Rahmen von „WERTFASER" (QS 1005) gedankt werden.

Ferner möchte ich mich ganz herzlich bei den vielen Kolleginnen und Kollegen bedanken, die durch ihre Mitarbeit im Labor oder Technikum die Durchführung der umfangreichen Versuchsreihen erst ermöglicht haben oder im Rahmen vieler Diskussionsrunden wertvolle Anregungen geliefert haben.

Der Schlussbericht kann beim Faserinstitut Bremen e. V. (FIBRE) ausgeliehen werden.

Gefördert durch:

aufgrund eines Beschlusses
des Deutschen Bundestages

# Inhaltsverzeichnis

# Abbildungsverzeichnis

# Tabellenverzeichnis

# 1 Ausgangssituation und Anlass für das Forschungsprojekt

In vielen Industriezweigen, beispielsweise in der Luft- und Raumfahrt sowie in der Automobil- und Schienenfahrzeugherstellung, nimmt die Bedeutung des Leichtbaupotentials der eingesetzten Strukturen und Materialien stetig zu. Aufgrund von gestiegenen Erwartungen von Nutzern und Gesetzgebern an Ausstattung und Sicherheit ist das Gewicht beispielsweise von Fahrzeugen in der Vergangenheit gestiegen. Gleichzeitig werden durch angepasste gesetzliche Rahmenbedingungen und gesellschaftliche Erwartungen die Einsparung von Rohstoffen sowie die Reduzierung des Energieverbrauchs gefordert. Eine Strategie zur Gewichtsreduzierung ist die Substitution von Werkstoffen in Strukturen durch andere Werkstoffe mit geringerer Dichte, der sogenannte Stoffleichtbau. [1] Dabei gewinnen auch hybride Strukturen und Werkstoffe zunehmend an Bedeutung. In diesen werden Werkstoffe unterschiedlicher Werkstoffklassen kombiniert eingesetzt um die Eigenschaften der jeweiligen Einzelwerkstoffe bestmöglich nutzen und bedarfsgerecht einsetzen zu können. [2]

Einen solchen hybriden Werkstoff stellen beispielsweise Faser-Metall-Laminate (FML) dar. Diese bestehen aus einem schichtweisen Aufbau aus faserverstärktem Kunststoff und Metallfolien und zeichnen sich dadurch aus, dass die Vorteile beider Materialien kombiniert werden während die Nachteile nahezu ausgeglichen werden [3]. Bisher sind die Einsatzgebiete für FML aufgrund der verwendeten aufwändigen Herstellungsverfahren eingeschränkt [4].

Im Rahmen des Forschungsprojekts „Entwicklung von Faser-Metall-Laminaten aus Hybridtextilien (FibMet)" wurde eine Möglichkeit zur wirtschaftlichen Fertigung von Faser-Metall-Laminaten untersucht.

In den folgenden Abschnitten wird der Stand der Technik bei Projektbeginn sowie die sich daraus ergebende Motivation für das Forschungsvorhaben dargestellt.

## 1.1 Faser-Metall-Laminate und Herstellung handelsüblicher Marken

Faser-Metall-Laminate (FML) sind Hybridwerkstoffe, die aus einem Schichtaufbau dünner Metallfolien und faserverstärkter Kunststofflagen bestehen [5]. Der schematische Aufbau eines FML ist in Abbildung 1-1 zu sehen. Die Besonderheit der FML liegt darin, dass die Vorteile metallischer Werkstoffe und faserverstärkter Kunststoffe kombiniert werden und dadurch die Nachteile der einzelnen Werkstoffklassen ganz oder teilweise aufgehoben werden können. Metalle weisen zum Beispiel einen hohen Widerstand gegen Impactbelastung auf, sind isotrop und leicht zu reparieren [5]. Allerdings sind sie korrosionsanfällig und haben eine geringe Dauerschwingfestigkeit [5]. Faserverstärkte Kunststoffe hingegen haben eine hohe spezifische Festigkeit und eine hohe Ermüdungsresistenz, jedoch eine niedrige Schadenstoleranz [5]. Werden beide Werkstoffe zu einem Faser-Metall-Laminat kombiniert, werden die Nachteile des einen Werkstoffs durch die Vorteile des anderen ausgeglichen [5]. Dadurch weisen FML beispielsweise eine hohe spezifische Festigkeit, eine hohe Schwingfestigkeit und eine hohe Schadenstoleranz auf [6].

Während Schäden an Bauteilen aus faserverstärktem Kunststoff schwer bis gar nicht zu erkennen sind, können Schäden an FML durch die Metallfolien besser festgestellt werden [3]. Zudem haben beschädigte FML-Strukturen eine höhere Restfestigkeit und lassen sich leichter reparieren als faserverstärkte Kunststoffe [3, 7]. Durch die Verwendung von Polymeren sind sie dazu korrosionsbeständiger als Metalle [5]. Sind die Außenlagen des Laminats Metallschichten, ist die Feuchtigkeitsaufnahme der FML deutlich geringer als bei reinen faserverstärkte Kunststoffe [8]. Des Weiteren hat sich gezeigt, dass FML im Schadensfall ein hohes Energieabsorptionsvermögen haben [8].

Abbildung 1-1: Schematischer Aufbau eines Faser-Metall-Laminats nach [9]

Die genauen Eigenschaften eines Faser-Metall-Laminats können durch die Auswahl der Materialien und des Laminataufbaus eingestellt werden. Aufgrund der Anpassungsfähigkeit an eine spezielle Anwendung und ihrer hohen spezifischen Festigkeiten zählen FML zu den Leichtbauwerkstoffen [8].

Ihren Ursprung haben FML in der Materialentwicklung für Flugzeugstrukturen. Einer der wichtigsten Aspekte im Design von Flugzeugstrukturen ist das Verhindern und das Entdecken von Ermüdungsrissen [10]. In den 1950er Jahren wurde festgestellt, dass zu einem Laminat verklebte Aluminiumfolien ein besseres Ermüdungsverhalten aufweisen, als ein monolithisches Blech. Entsteht ein Riss in einem der Bleche, dienen die Klebstoffschichten als Trennschicht zwischen den Metalllagen. Die unbeschädigten Bleche des Laminates verzögern die Rissausbreitung in der beschädigten Metallschicht [10]. Aufgrund dieser Erkenntnis wurde 1978 durch das Hinzufügen von Aramidfasern in die Klebstoffschichten mit ARALL® (Aramid Reinforced Aluminium Laminate) an der TU Delft das erste Faser-Metall-Laminat entwickelt [11]. Die Fasern sind so ausgelegt, dass sie nicht versagen, wenn sich Risse im Metall bilden. Sie übernehmen die Last und reduzieren die Spannungsintensität an der Rissspitze, wodurch die Rissausbreitung signifikant verzögert wird [10]. Abbildung 1-2 zeigt den Rissüberbrückungseffekt.

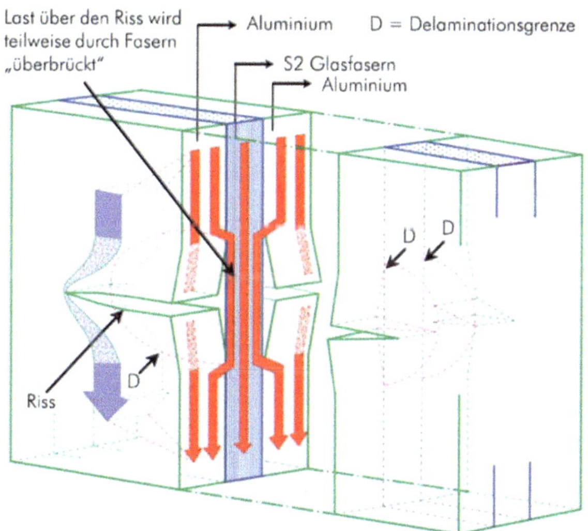


Abbildung 1-2: Überbrückung eines Risses im Metall durch Fasern nach [12]

Verglichen zum monolithischen Aluminiumblech wurde die Rissausbreitungs-Geschwindigkeit um den Faktor 100 reduziert. Zudem konnte das Gewicht um bis zu 30 % in ermüdungsanfälligen Flugzeugkomponenten verringert werden [10]. ARALL® wurde deshalb unter anderem in der Luftfahrt in den Tragflächen der Fokker F-27 und in der Frachttür der Boeing C-17 eingesetzt [5]. Allerdings wurden in weiteren Untersuchungen einige Schwächen von ARALL® festgestellt. Die Haftung zwischen den Aramidfasern und der Matrix ist relativ gering. Dadurch ist es lediglich möglich unidirektionale Laminate mit einem Faservolumengehalt (FVG) bis 50 % herzustellen. Laminate mit einem höheren FVG würden eine geringe Abschäl- und interlaminare Scherfestigkeit aufweisen [10]. Außerdem tritt unter bestimmten zyklischen Belastungen Faserversagen auf. Auch wenn die Dauerschwingfestigkeit noch höher ist als die von Aluminium, beeinträchtigt dieses Verhalten die Rissüberbrückung [10].

Bei weiteren Forschungen wurden die Aramidfasern durch Kohlenstofffasern ersetzt. Der resultierende Werkstoff hat zwar eine höhere Steifigkeit als ARALL®, jedoch zeigte sich auch hier eine geringe Schwingfestigkeit. Die geringe Bruchdehnung führt zudem zu einer erhöhten Kerbempfindlichkeit. Darüber hinaus stellt die galvanische Korrosion zwischen Aluminium und Kohlenstofffasern ein Problem dar [10]. Ein weiterer Ansatz zur Verbesserung von FML wurde um 1990 durch den Einsatz von hochfesten Glasfasern anstelle von Aramidfasern erfolgreich umgesetzt. Dieser Werkstoff ist unter dem Namen Glass Laminate Aluminium Reinforced Epoxy (GLARE®) bekannt. Die Haftung zwischen den Glasfasern und der Matrix ist deutlich besser als die zwischen Aramidfasern und der Matrix. Dadurch ist es möglich, biaxiale Laminate zu erzeugen, wodurch sich ein breiteres Anwendungsgebiet eröffnet. Zudem ertragen Glasfasern Druckbelastungen besser, was zu einer sehr hohen Schwingfestigkeit beiträgt. Die höhere Zug- und Druckfestigkeit, das bessere Impactverhalten, die höhere Bruchdehnung und höhere Restfestigkeit sind weitere

Vorteile gegenüber ARALL® [10]. Mit GLARE® ist es möglich, leichte und ermüdungsresistente Flugzeugrumpfstrukturen herzustellen. Die Nachteile sind allerdings hohe Material- und Herstellungskosten, sowie im Vergleich zu monolithischen Aluminiumlegierungen und ARALL® eine geringere Steifigkeit [10]. Anwendung findet GLARE® in der Rumpfstruktur und in den Vorderkanten der Leitwerke des Airbus A380 [13]. Ein weiterer Vorteil von GLARE® ist die hohe Feuerresistenz. Tests haben gezeigt, dass sich im Brandfall die Glasfaserschichten vom Metall lösen, wodurch die Feuerausbreitung verzögert wird [10].

Die Eigenschaften von Faser-Metall-Laminaten sind nicht nur abhängig von den verwendeten Materialien, sondern auch vom Herstellungsprozess. Die Haftung zwischen den Metall- und FVK-Lagen, der Faservolumengehalt und der Porenanteil im Laminat sind entscheidend für die Qualität der FML. Zurzeit werden FML überwiegend mit vorimprägnierten Fasergelegen (Prepregs) hergestellt [14]. Mit der Prepregtechnologie ist die beste Kontrolle über den FVG gegeben [15]. Textile Halbzeuge werden unter hohem Druck mit der erforderlichen Menge Harz getränkt und teilweise ausgehärtet. Die auf diese Weise hergestellten Prepregs werden mit Metallblechen zu einem Laminat in einer Form aufeinandergeschichtet und in einem Autoklav oder einer Presse unter bestimmten Temperatur- und Druckbedingungen verbunden. Die Oberflächen der Metalllagen werden häufig chemisch oder mechanisch vorbehandelt, um eine bessere Haftung der Matrix zu gewährleisten. Das Laminat befindet sich während des Autoklav-Prozesses in einem Vakuumbeutel. Die Differenz des Umgebungsdrucks im Autoklav und des Drucks im Vakuumbeutel ergibt den Wirkdruck auf das Laminat. Durch die gleichmäßige Druckverteilung auf das Laminat während des gesamten Aushärteprozesses wird das Risiko der Porenbildung verringert [6]. Die Prepreg-Autoklav-Technologie ermöglicht Laminate mit hohen Eigenschaften und einer Reproduzierbarkeit, wie sie von anderen Verfahren nicht erreicht wird [15]. FML für den Flugzeugbau werden mit dieser Technik produziert [7]. Ein Nachteil des Verfahrens ist die schwere Formbarkeit der Prepregs durch die teilweise ausgehärtete Matrix. Damit die Prepregs nicht vollständig aushärten, müssen diese vor der Verarbeitung dauerhaft gekühlt werden. Dieser Umstand und die Verwendung eines Autoklavs machen diesen Prozess sehr kostenintensiv [15]. Darüber hinaus ist die Bauteilgröße durch die Größe des Autoklavs begrenzt [6].

## 1.2 Alternative Herstellungsverfahren für Faser-Metall-Laminate

Im Rahmen von Entwicklungs- und Forschungsarbeiten an verschiedenen Instituten wurden Verfahren zur Herstellung von FML entwickelt, die sich von der beschriebenen etablierten Fertigungsweise für FML unterscheiden, und dadurch teilweise neue Anwendungsfelder erschlossen. Dabei werden sowohl neuartige Fertigungsverfahren für FML-Strukturen als auch weitere Werkstoffkombinationen untersucht.

Im Rahmen von vorangegangenen Forschungsarbeiten am Institut wurde die Möglichkeit untersucht, Profile aus Kohlenstofffaserverstärktem Kunststoff (CFK) und Stahlfolie herzustellen und die Eignung des Materials für den Einsatz in Seitenaufprallträgern, einer Crash-Struktur im Automobil, nachzuweisen [16]. Ziel war dabei die Herstellung in einem hybriden Resin Film Pultrusion (RFP)-Verfahren [17]. Das RFP-Verfahren ist eine Modifizierung des Pultrusions Resin Transfer Mouldings (PRTM). Im RFP-Verfahren werden Harzfilme und trockene textile Halbzeuge in einem quasikontinuierlichen Prozess zu Endlosprofilen verarbeitet [17]. Die Halbzeuge werden kontinuierlich von einem Spulengatter einem kontinuierlichen Preformingprozess zugeführt und von dort direkt in ein Pressformwerkzeug (Intervallpresse) gezogen [17]. Darin wird die Preform in die gewünschte Profilgeometrie gepresst, die Fasern mit der Matrix durchtränkt und die Matrix unter Einfluss von Druck und Temperatur ausgehärtet [17]. Die vollständige Aushärtung der Matrix erfolgt in einem nachgelagerten Aushärteofen, der kontinuierlich durchlaufen wird [17]. In Anlehnung an dieses Fertigungsverfahren wurden FML aus Kohlenstofffasergeweben, Harzfilmen und unlegierten Stahlfolien DC04 mit einer Dicke von 0,1 mm bis 0,2 mm entwickelt, die für den Einsatz in entsprechenden Strukturen geeignet sind [16].

Auch andere Forschungsarbeiten ([18],[19],[20]) verweisen auf die Bedeutung von Hybridbauteilen aus Kombinationen von Faserverbundwerkstoffen und Metallen für die Automobilindustrie und Einsatzmöglichkeiten in verschiedenen Fahrzeugbereichen.

In mehreren dieser Forschungsvorhaben ([20], [19]) wird die Möglichkeit untersucht, hybride FML-Halbzeuge aus Metallfolien und Faserverbundwerkstoffen mit thermoplastischer Matrix herzustellen, die anschließend durch einen Umformprozess in die gewünschte Geometrie der Anwendungsstruktur gebracht werden. Im Rahmen des Forschungsvorhabens „LHybS" wurden beispielsweise eine Methode zur beanspruchungsgerechten Auslegung von FML mithilfe eines numerischen Ansatzes entwickelt und FML-Halbzeuge aus Stahlfolien und thermoplastischem CFK hergestellt [19]. Zwischen die Metall- und Faserverbund-Lagen wurden dünne Schichten aus Haftvermittlern zur Verbesserung der Verbundfestigkeit eingesetzt [21]. Außerdem wurde die Vorbehandlung der Oberfläche der Metallfolien optimiert um eine gute Anhaftung zwischen den Werkstoffen zu erhalten [21]. Für das Umformen der sogenannten FML-Platinen mittels des im Karosseriebau üblichen Tiefziehens wurden dabei weitere Herausforderungen identifiziert [22]. Durch die auftretenden komplexen Zug- beziehungsweise Zug-Druckbeanspruchungen können neben Falten und Rissen in der Metallkomponente auch Verschiebungen und Stauchungen der Fasern bewirken [22].

Ein anderer Ansatz besteht darin, die für die Herstellung von Faserverstärkten Kunststoffen etablierten Flüssigharz-Imprägnierverfahren zu modifizieren und zur Herstellung von FML zu nutzen.

Jensen at al. nutzen beispielsweise das vacuum assisted resin transfer molding (VARTM) zur Herstellung von FMLs. Ein trockener Layup aus Textil- und Metallschichten wird mit einer duromeren Harzmatrix imprägniert. Die Metallschichten werden perforiert, um Fließwege hinzuzufügen, bevor das Layup gestapelt wird. Die verwendeten Perforationsverfahren sind Dremelbohren, Wasserstrahl-, Nd:YAG-Laser- und Präzisionsbohren. Das Ergebnis sind Perforationen mit unterschiedlichen Durchmessern, z.B. 0,38 mm für die Perfektionierung durch Bohren und Durchmesser von 1,52 mm und 3,81 mm für die Perforation durch Wasserstrahl. [4] Jensen et al. [4] haben gezeigt, dass es möglich ist, FML mit dem Vakuuminfusionsverfahren herzustellen. Der Harzfluss durch Laminate aus textilen Schichten und perforierte Metallfolien wird in Abschnitt 2.2.2 detaillierter beschrieben.

Das VARTM-Verfahren wurde auch von Mamalis et al. verwendet, um Glasfaser-Halbzeuge und mittels eine Computer Numerical Control (CNC)-Bohrmaschine perforierte Metallfolien zu imprägnieren [23]. Anstelle einer duromeren Matrix wurde jedoch ein neuartiges thermoplastisches Harz, Elium® 180 der Firma ARKEMA (Frankreich) eingesetzt [23]. Zusätzlich wurde eine Zwischenschicht aus einem organischen Peroxidpulver (BP-50-FT der United Initiators GmbH & Co. KG) eingebracht, die als Initiator diente [23].

## 1.3 Zusammenfassung der Problemstellung und Motivation für die Durchführung des Forschungsvorhabens

Die Kombination aus faserverstärkten Kunststoff- und Metallschichten ergibt einen leichten Werkstoff mit hohen mechanischen Leistungen, der die Vorteile beider Komponenten vereint. Derzeit wird das so genannte FML-Material vor allem in der Luft- und Raumfahrtindustrie eingesetzt. Gründe dafür sind die hohen Materialkosten, bedingt durch die aktuell etablierten Herstellungsverfahren und die verwendeten Prepreg-Materialien. Um FML auch in kostensensible Branchen wie der Automobilindustrie einzubinden, ist ein wirtschaftlicher Produktionsprozess erforderlich. Die Verfügbarkeit von kostengünstigen FML könnte den Markt für verschiedene neue Anwendungen öffnen. Anwendungsbeispiele für dieses schlagfeste und leichte Material sind flache Strukturen von Lkw und Anhängern oder Seitenwände von Luftfrachtcontainern sowie komplexere Profilstrukturen im Automobil. Ziel des Forschungsprojektes "FibMet" war es, einen wirtschaftlichen Weg zur Herstellung von FML zu entwickeln.

Wie in Abschnitt 1.2 beschrieben, wurde bereits nachgewiesen, dass FML im Infusionsverfahren hergestellt werden können, sofern die für die Matrix undurchdringlichen Metallschichten zuvor perforiert worden sind. Daher wurde das Infusionsverfahren mit einem textilen Prozessschritt zu einem neuartigen Fertigungsverfahren für FML kombiniert. Das Vernähen von textilen Halbzeugen gehört zu den üblichen Preformingverfahren im Rahmen der Herstellung von Faserverbundbauteilen. Im Rahmen des Projekts sollten die textilen Halbzeuge und Metallfolien durch Vernähen zu einem trockenen Hybrid-Halbzeug verbunden werden. Das Vernähen bewirkt gleichzeitig eine Verbindung der Einzellagen zu einem handhabungsfreundlichen Halbzeug und die Perforation der Metalllagen zur Ermöglichung der Durchtränkung im Infusionsverfahren.

Im Rahmen der Arbeiten an dem Forschungsprojekt sollte die Möglichkeit untersucht werden, FML in einem derartigen Verfahren herzustellen. Zudem waren die Wechselwirkungen der Parameter der einzelnen Prozessschritte zu untersuchen und ihr Einfluss auf die Eigenschaften der hergestellten Laminate zu analysieren.

# 2 Forschungsziel und Lösungsweg

Ziel des Projekts war die Herstellung von hybriden Faser-Metall-Laminat-Halbzeugen in einem textilen Konfektionierungsprozess und die anschließende Durchtränkung dieser mit einer Harzmatrix im Vakuuminfusionsprozess. In den folgenden Abschnitten werden die Ziele sowie der geplante Lösungsweg des beantragten Forschungsprojekts beschrieben.

## 2.1 Forschungsziel

Ziel des Projektes war der Nachweis, dass Faser-Metall-Laminate mit textilem Halbzeug im Infusionsprozess hergestellt werden können. Durch die Integration einer metallischen Verstärkung in dem textilen Preform werden die Eigenschaften des textilen Flächengebildes wesentlich beeinflusst. Der Einfluss der metallischen Verstärkung auf den Infusionsprozess und die Anpassungen der Fertigungsstrategie stellten einen wichtigen Forschungsaspekt dar. Zudem waren die Eigenschaften der in diesem Verfahren hergestellten Laminate zu untersuchen.

### 2.1.1 Angestrebte wissenschaftlich-technische Forschungsergebnisse

Im Rahmen des Forschungsprojekts sollte eine Fertigungstechnologie zur Herstellung von FML aus Hybridtextilien im Infusionsverfahren entwickelt werden. Mithilfe dieser sollte die wirtschaftliche Fertigung von schlagbeanspruchten, leichten Strukturen aus FML ermöglicht werden.

Die einzelnen Prozessschritte des textilen Preformings von Faser-Metall-Halbzeugen sowie deren Infusion ist nach dem Projektabschluss umgesetzt. Zudem wurde die Drapierbarkeit der Faser-Metall-Preforms für definierte Umformgrade untersucht.

Zudem wurden Erkenntnisse über die erreichbaren mechanischen Eigenschaften der im Infusionsverfahren hergestellten Faser-Metall-Laminate sowie über den Einfluss der Fertigungsparameter auf die Laminateigenschaften gesammelt und analysiert. Idealerweise wird eine Verbesserung der charakteristischen mechanischen Eigenschaften (Zugfestigkeit, Lochleibungsfestigkeit, Impact- und Durchbrandverhalten) um bis zu 15 % im Vergleich zu unverstärkten und aktuell verwendeten Materialien erreicht.

### 2.1.2 Innovativer Beitrag und erwarteter wirtschaftlicher Nutzen der angestrebten Forschungsergebnisse

Das im Rahmen des Projekts entwickelte Herstellungsverfahren für FML stellt eine neuartige Kombination von bekannten Technologien, der textilen Nähtechnik im Preforming-Prozess und des Vakuuminfusionsprozesses zur Imprägnierung der Halbzeuge, dar.

Bisher werden FML direkt im Rahmen der Bauteilherstellung zusammengestellt. Durch die Hybridisierung direkt im Rahmen der Halbzeugherstellung wurde eine Verschiebung der Wertschöpfung von der Bauteil- zur Materialherstellung von ca. 30 % erwartet. Die Herstellung der hybriden Faser-Metall-Halbzeuge im textilen Prozess, ermöglicht es kleinen und mittelständischen Unternehmen der Textilindustrie, diesen Prozessschritt in ihren

Fertigungsprozess von textilen Halbzeugen zu integrieren und die entstehenden Halbzeuge in ihr Portfolio aufzunehmen. Dadurch können die entsprechenden Firmen ihren Marktanteil steigern und neue Absatzmärkte erschließen.

Auch der Einsatz der Infusionstechnologie zielte auf die Anwendbarkeit für kleine und mittelständische Unternehmen. Heutzutage werden FML häufig von großen Unternehmen, teilweise den Anwendern selbst, hergestellt. Am Beispiel GLARE sind dies z. B. die Firmen Fokker und Premium Aerotech, die Bauteile aus diesem Material fertigen und die hierfür notwendige Infrastruktur vorhalten. Aufgrund des kostenintensiven Herstellungsprozesses (Tiefkühllagerung der Halbzeuge, Autoklavaushärtung) sind die Potentiale von FML weiten Teilen des Mittelstandes nicht zugänglich. Die Fertigung von Bauteilen unterschiedlicher Größe im Infusionsverfahren wird bereits von kleineren Unternehmen umgesetzt. Als Beispiele sind hier die Fertigung von Rotorblättern für die Windindustrie sowie von Bootsrümpfen zu nennen, die bereits mithilfe dieser Technologie und dabei teilweise von KMU umgesetzt werden.

Durch den Wegfall der kostenintensiven Herstellung im Autoklaven wurden erweiterte Anwendungsmöglichkeiten, beispielsweise in der Automobilindustrie und in Logistikanwendungen, für FML und neue Absatzmärkte durch die Substitution bestehender Materialien durch FML erwartet.

Das Gewicht der entsprechenden Strukturen sollte zudem durch den Einsatz der FML gesenkt werden, sodass der Energieverbrauch zur Bewegung der entsprechenden Strukturen gesenkt und dadurch Kosten eingespart werden.

## 2.2 Lösungsweg zur Erreichung des Forschungsziels

Um die wirtschaftliche Fertigung von Faser-Metall-Laminaten zu ermöglichen, wurde ein neuartiger Herstellungsprozess untersucht. Dabei werden zwei Standardverfahren aus der Textil- und Faserverbundtechnologie kombiniert.

Die Herstellung der FML erfolgt im Vakuuminfusionsprozess. Dabei werden trockene Halbzeuge mit einer duromeren Matrix durchtränkt und ausgehärtet. Die Hybridhalbzeuge aus Glasfasergelegen und Metallfolien werden dazu in einem vorgelagerten textilen Prozessschritt vernäht.

Der angestrebte Prozessablauf ist in Abbildung 2-1 zu sehen. Durch den Einsatz dieser Herstellungsmethode kann auf die Verwendung der kostenintensiven Herstellung der FML aus Prepregmaterialien im Autoklaven verzichtet werden.

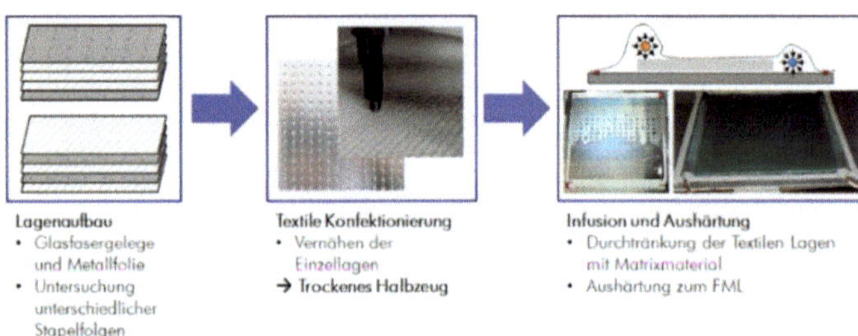


Abbildung 2-1: Entwickelte Prozesskette zur Herstellung von FML aus Hybridtextilien

Im Rahmen des Projekts wurden zunächst die zu verwendenden Materialien und umzusetzende Referenzstrukturen festgelegt. Anschließend wurde der textile Prozessschritt zur Herstellung der Hybridhalbzeuge entwickelt. Dabei wurde auch das Umformverhalten der Halbzeuge untersucht. Des Weiteren wurde das Infusionsverhalten der Hybrid-Halbzeuge analysiert. Die Eigenschaften der hergestellten Laminate wurden im Rahmen verschiedener Laboruntersuchungen ermittelt. Abschließend erfolgte die Bewertung und Dokumentation der Projektergebnisse. Die Aufstellung der Versuchspläne und die Auswertung der Versuchsergebnisse erfolgte soweit wie möglich im Rahmen einer Statistischen Versuchsplanung.

Die zu untersuchenden Hauptprozessschritte, der textile Prozess und der Infusionsprozess sowie die Statistische Versuchsplanung werden in den folgenden Abschnitten genauer beschrieben. Dabei erfolgt zum einen eine Beschreibung einiger Grundlagen sowie die Darstellung der Bedeutung dieser im Rahmen des Projekts.

### 2.2.1 Textiler Prozess

Der Textilprozess ist Teil des gesamten Produktionsprozesses. Bei Variation der Parameter in diesem Schritt werden verschiedene Effekte für die folgenden Prozessschritte und die Eigenschaften des produzierten Teils erwartet. Die Naht schafft eine textile Verbindung zwischen den textilen Lagen und Metallschichten, weswegen eine Verbesserung der interlaminaren Scherfestigkeit des Laminats zu erwarten ist. Im Rahmen des Nähvorgangs wird eine Perforation in die Metallschicht eingebracht. Es wurde erwartet, dass diese Perforation die Imprägnierung im nachfolgenden Infusionsprozess ermöglicht, wie von [4] beschrieben.

Im Rahmen der Arbeiten zu diesem Forschungsprojekt wurde der Nähprozess an zwei verschiedenen industriellen Stickmaschinen umgesetzt. Bis März 2018 stand dem Institut eine Anlage vom Typ Tajima TMHL-G108 Typ D3-1 zur Verfügung. Seit April 2018 wurde eine Anlage vom Typ ZSK JGW 0200-550 (700) D SKW verwendet. Auf diesen Anlagen wurden Bauteile in Coupon-Größe hergestellt.

In der industriellen Anwendung ist das kontinuierliche Vernähen von Rollenware auf großtechnischen Anlagen vorgesehen. Dabei ist auch vorstellbar, dass die Integration der metallischen Lagen direkt in der Textilherstellung erfolgt, beispielsweise beim Vernähen von Rovings zu einem Gelege.

Das Vernähen der textilen und metallischen Lagen wird zur Herstellung eines Hybrid-Halbzeugs genutzt. Das Nähen ist die am häufigsten zur Fertigung von textilen Preforms für FVW eingesetzte textile Konfektionstechnik [24]. Beim Nähen werden ein Nähfaden oder mehrere Nähfäden durch das Nähgut geführt, um eine Verbindung zwischen Nähgutteilen oder Nähgutlagen herzustellen. Am häufigsten weisen Nähverbindungen eine linienartige Ausführung auf. Durch den Einsatz lokal begrenzter Nähte können nahezu punktförmige Verbindungen hergestellt werden. Es ist jedoch ebenso möglich, flächenförmige Montagearbeiten durchzuführen, indem mehrere Nähte parallel oder fächerartig angeordnet werden. [25]

Durch das Vernähen der Lagenstapel textiler Preforms werden z-Verstärkungen in die Struktur eingebracht, durch die die Delaminationen in Faserverbund-Bauteilen reduziert und die interlaminare Scherfestigkeit und der Widerstand gegen Rissausbreitung erhöht werden können [25]. Zielt das Vernähen auf die die Erhöhung der mechanischen Eigenschaften in Dickenrichtung, wird es als strukturelles Nähen bezeichnet [26].

In der Nähtechnik werden vorranging die Stichtypen Kettenstich, Blindstich, One-Side-Stitch und Doppelsteppstich verwendet [24]. Doppelsteppstich und Kettenstich werden sowohl in der Faserverbund- als auch in der Bekleidungstechnologie am häufigsten eingesetzt [27]. Mithilfe des Doppelsteppstichs erzeugte Nähte weisen eine hohe Nahtfestigkeit sowie eine geringe Nahtbreite auf [27]. Die vernähten Halbzeuge weisen aufgrund der geringen Dehnfähigkeit der Nähte eine hohe Positioniergenauigkeit bei der Herstellung von Preforms aus mehreren Lagen und eine gute Handhabbarkeit auf [27]. Zur Vernähung der Faser-Metall-Halbzeuge im Rahmen dieses Projekts wurde ebenfalls ein Doppelsteppstich verwendet. Zudem ist der Einsatz unterschiedlicher Garne für Ober- und Unterfaden möglich, wodurch die Verknotung der beiden Nähfäden minimiert und Fehlstellen im Laminat reduziert werden können [27]. Die Stichbildung des Doppelsteppstichs ist in Abbildung 2-2 schematisch dargestellt. Nach Abschluss der Stichbildung wird das Nähgut um die gewünschte Stichweite transportiert, durch Wiederholung der Stichbildung entsteht eine Naht [28].

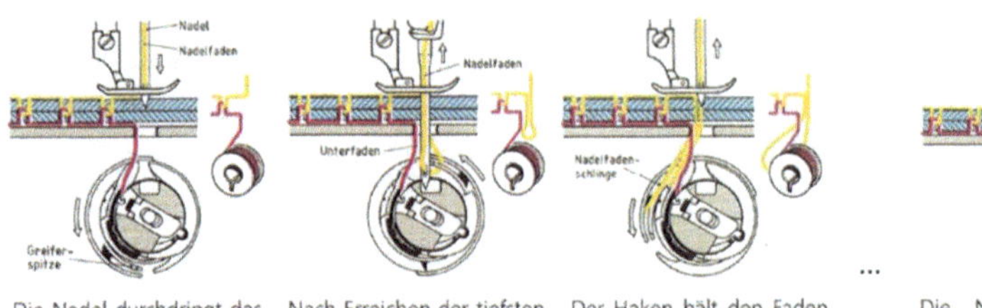


Die Nadel durchdringt das Nähgut.

Nach Erreichen der tiefsten Stelle bildet der Nadelfaden eine Schlaufe, da sich die Nadel wieder nach oben bewegt.

Der Haken hält den Faden, der sich durch die Drehung des Spulenkörpers öffnet. Dabei bildet der Nadelfaden eine Verschlaufung mit dem Spulengarn.

Die Nadel bewegt sich weiter nach oben und der Fadenwächterhebel zieht den Nadelfaden nach oben. Dabei wird auch der geschlungene Spulfaden in das Material eingezogen.

Abbildung 2-2: Nahtbildung des Doppelsteppstichs [29, 30]

Die Verschlingung aus Ober- und Unterfaden wird auch als Knotenbildung bezeichnet und bewirkt eine form- und kraftschlüssige Verbindung der Laminatschichten [28]. Die Verknotungslage im Nähgut ist dabei abhängig von der Einstellung der Ober- und Unterfadenspannung [27]. In der Bekleidungstechnik wird eine Verknotung in der Mitte des Nähguts angestrebt, um eine gleichmäßige Optik zu erzielen und den Kontakt der Verschlingung mit der Haut zu vermeiden [27]. Im Gegensatz dazu dient die Verschlingung in der Faserverbundherstellung zunächst der Vereinfachung der Halbzeughandhabung [27]. Im Faserverbund-Laminat werden die mechanischen Eigenschaften durch die Lage der Verknotung beeinflusst [27]. Die Naht beeinträchtigt die mechanischen Eigenschaften am wenigsten, wenn die Verschlingung auf der Ober- oder Unterseite der Preform platziert wird, da auf diese Weise am wenigsten Material verdrängt wird [31].

Die Auswahl des Nähgarns ist zudem entscheidend für die Qualität des Bauteils. Die mechanischen Eigenschaften, die Haftung zwischen Garn und Matrix sowie die Feinheit des Garns beeinflussen die mechanischen Eigenschaften des Verbundes [24].

Durch das Vernähen werden im Allgemeinen die In-Plane-Eigenschaften der Bauteile beeinträchtigt [31]. Als In-Plane-Eigenschaften werden die Eigenschaften bezeichnet, die sich auf die Ebene des Verbundes beziehen, wie Druck- und Zugfestigkeit [31]. Eigenschaften, die senkrecht zur Ebene wirken, werden Out-of-Plane-Eigenschaften genannt [31]. Ursache für die Reduzierung der In-Plane Eigenschaften sind Faserbeschädigungen und Faserverschiebungen durch den Einstich und Ondulationen der Fasern durch die Nähfadenschlingen auf der Oberfläche des Textils [31]. Eine zu hohe Fadenspannung kann zudem zu einer erhöhten Faserverschiebung führen. Besonders, wenn die Verschlingung auf der Unterseite positioniert ist, kann eine hohe Oberfadenspannung zu einer sogenannten Trichterbildung führen, wobei die Fasern auseinander gezogen werden und bei der Imprägnierung harzreiche Zonen entstehen [24]. Die Faserverschiebung hat den größten Anteil an der Reduzierung der mechanischen Eigenschaften und bereits geringe Abweichungen der Faserorientierung können zu erheblicher Reduzierung der Zug- und Druckeigenschaften führen [32]. Beim Nähen kann es zu einer lokalen Faserverschiebung um bis zu 20° um den Einstich kommen [33]. Durch die lokale Abweichung der Faserorientierung entsteht eine Ondulation der Fasern. Die Zugeigenschaften nehmen mit geringerem Nahtabstand und höherem Nähfadendurchmesser ab [32]. Die Zugfestigkeit kann durch einen bestimmten Nahtabstand allerdings auch erhöht werden. Die Ursache hierfür ist, dass es bei einem Versagen zuerst zu einem Bruch der Matrix kommt. Darauf folgen Delamination und Faserbruch. Bei vernähten Laminaten wird die Delamination durch die Naht aufgehalten, wodurch die Zugfestigkeit erhöht wird. Bei zu geringem Stichabstand nimmt die Zugfestigkeit jedoch aufgrund von Spannungskonzentrationen um die Einstiche wieder ab [34]. Im Vergleich zu Laminaten aus nicht vernähten Halbzeugen weisen Faserverbundbauteile aus vernähten Halbzeugen häufig höhere Out-of-Plane-Eigenschaften auf [31]. Dabei ist vor allem die Begrenzung der Delaminationvon Bedeutung. Bei Impact-Beanspruchung können Delaminationen entstehen, welche bei FVK von außen nicht zu erkennen sind. Delamination führen vor allem zu einer geringeren Druckfestigkeit des Verbundes. Eine Verstärkung des Verbundes durch eine Naht in Dickenrichtung verringert die Delaminationsflächen und erhöht dadurch die Restfestigkeit [35]. Zudem wird das Crashverhalten durch Vernähen verändert. Während bei nicht vernähten FVK die Energieabsorption vor allem durch die Delamination der einzelnen Lagen erfolgt, werden vernähte Verbunde komplett in kleine Fragmente zerstört, wodurch sich die Energieabsorption erhöht [35]. Ebenso wird die interlaminare Bruchzähigkeit signifikant durch Vernähen erhöht. Die Nahtstellen nehmen während der Rissausbreitung Energie auf und verhindern Delaminationen [31]. Das Material der Fasern und des Nähgarns, der Lagenaufbau, das Nähverfahren, der Stichtyp, der Stichabstand und die Nahtrichtung beeinflussen die mechanischen Eigenschaften des Verbundbauteils [31].

Die für die Herstellung von FML im Vakuuminfusionsprozess erforderlichen Perforationen im Metall beeinträchtigen ebenfalls die mechanischen Eigenschaften der FML. In Dauerschwingversuchen wurde deutlich, dass die Perforationen Ausgangspunkt für Bauteilversagen sind [4].

Die beschriebenen Auswirkungen einer Vernähung von Halbzeugen auf die Eigenschaften von Faserverbundbauteilen und die Auswirkungen von Schädigungen auf die Metallfolien, die von [4] beschrieben wurden, wurden auf die Anwendung in FML übertragen. Zu Beginn der Arbeiten an diesem Projekt wurde daher davon ausgegangen, dass das

Vernähen der Faser-Metall-Halbzeuge folgende Auswirkungen auf die nachfolgenden Prozessschritte und die Laminateigenschaften haben würde:

- Perforationen im Metall dienen der Durchführung des Nähfadens und ermöglichen gleichzeitig den Durchfluss des Harzes in Dickenrichtung durch das Hybridhalbzeug während der Infusion
- Verringerung des Porenanteils und verbesserte Durchtränkung bei Erhöhung der Stich- bzw. Perforationsanzahl
- Verbesserung der Verbindung zwischen den einzelnen Lagen und Verhinderung von Delaminationen
- Verstärkung der Laminate in Z-Richtung zunehmend mit der Stichanzahl, Erhöhung der Out-of-Plane-Eigenschaften
- Schädigung des Metalls und Faserverschiebungen führen zur Reduzierung der In-Plane-Eigenschaften

Vorhersagen über die genauen Auswirkungen der Naht waren aufgrund der großen Anzahl an zu erwartenden Einflüssen kaum möglich. Daher wurden im Rahmen eines Versuchsprogramms verschiedene Stichabstände und Perforationsdurchmesser festgelegt und der Einfluss dieser Parameter auf den nachfolgenden Infusionsprozess sowie die Laminateigenschaften ermittelt, um Aussagen über die generellen Auswirkungen des Nähprozesses zu treffen.

### 2.2.2 Vakuuminfusionsprozess

Die vernähten Hybridpreforms aus Metallfolien und Verstärkungsfasern wurden im zweiten Prozessschritt mithilfe des Vakuuminfusionsverfahrens mit der Matrix durchtränkt. Flüssigharz-Imprägnierverfahren stellen eine im Faserverbundbereich übliche Methode zur Imprägnierung von trockenen Faserstrukturen dar. Zudem konnte durch Jensen et al. [4] nachgewiesen werden, dass die Herstellung von FML durch die Imprägnierung von trockenen textilen Halbzeugen und perforierten Metallfolien möglich ist, wie in Abschnitt 1.2 beschrieben.

Die hauptsächlich verwendeten Varianten der Imprägnierung sind das Resin Transfer Molding (RTM)-Verfahren, das Vacuum Assisted Resin Transfer Molding (VARTM)-Verfahren, das Vacuum Assisted Resin Infusion (VARI)-Verfahren und das Vacuum Assisted Processing (VAP)-Verfahren [15]. Die zur Imprägnierung eingesetzten Verfahren unterscheiden sich in Bezug auf die Tränkungsmethode und die Art des Werkzeugs [35]. Sowohl das RTM- als auch das VARTM-Verfahren setzen geschlossene Werkzeuge voraus, in die der textile Preform eingelegt und das Harz unter Einsatz von hohem Druck sowie ggf. einem anliegenden Vakuum injiziert wird [15].

Werden Vakuum-Infusionsverfahren wie das VARI- oder das VAP-Verfahren eingesetzt, können die Werkzeugkosten im Vergleich zum RTM-Verfahren reduziert werden, da der Preform lediglich auf eine Werkzeugschale gelegt und die andere Werkzeugseite durch eine Folie gebildet wird. Die Struktur wird anschließend durch Anlegen eines Vakuums evakuiert und mit der Matrix durchtränkt. Im Rahmen des VAP-Verfahrens wird zudem eine semipermeable Membran verwendet, die vollständige, großflächige Evakuierung sowie die Kontrolle der Harzmenge ermöglicht. Dabei können Faservolumengehalte von bis zu 60 Prozent erzielt werden. [35]

Im Rahmen der Harzinfusions- und Injektionsverfahren werden hauptsächlich Reaktionsharze, zum Beispiel Epoxidharz, verwendet. Diese härten nach der Durchtränkung unter erhöhter Temperatur oder bei Raumtemperatur aus. [35]

Im Vergleich zur Herstellung von Faserverbundbauteilen aus Prepreg-Material, wird kann bei der Herstellung in Harz-Infusionsverfahren auf die Anschaffung und den energieintensiven Betrieb der großen Autoklav-Öfen verzichtet werden. Zudem können Bauteile mit einer höheren Komplexität aus dreidimensional vorgeformten trockenen Preform hergestellt werden. Die Herstellung von Faserverbund-Bauteilen im Infusionsverfahren ist deutlich günstiger als die Herstellung im Autoklaven. [15]

Der prinzipielle Aufbau, der zur Durchtränkung von textilen Halbzeugen im VARI-Verfahren verwendet wird, ist in Abbildung 2-3 zu sehen. Mehrere trockene textilen Lagen oder eine Preform werden auf ein einseitiges Werkzeug geschichtet und mit einer Vakuumfolie abgedichtet. Über eine Druckdifferenz zwischen Zu- und Ablauf werden die trockenen Textillagen mit Harz getränkt. die Druckdifferenz wird durch den Unterschied zwischen Atmosphärendruck und aufgebrachtem Vakuum bestimmt. (George, 2011).

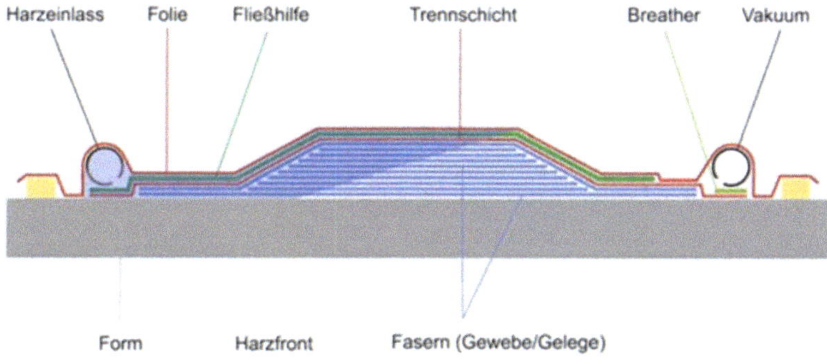


Abbildung 2-3: Prinzipieller Verfahrensaufbau VARI [36]

Der Verlauf einer Harz-Infusion kann mithilfe des Darcy-Gesetzes beschrieben werden [15]. Die Darcy-Gleichung (Gleichung (2-1)) zeigt, dass die Durchflussrate von den Bauteilabmessungen, der Preformpermeabilität, der Druckdifferenz und der Viskosität des Harzes bestimmt wird [15]:

$$\frac{Q}{A} = -\frac{K}{\mu}\frac{\Delta P}{L} \tag{2-1}$$

mit: Q Volumenstrom in $m^3/s$

A Querschnittsfläche des Stroms in $m^2$

$\Delta P$ Druckgradient über die Länge L in $N/m^2$

L Länge des (zu durchströmenden) Mediums in m

K Permeabilität des Materials in $m^2$

$\mu$ dynamische Viskosität der Matrix in $Ns/m^2$

Die Permeabilität gibt die Durchlässigkeit des Textils an und hängt von dem Faservolumengehalt und dem Filamentdurchmesser sowie vom Aufbau der Preform ab [37]. Die Viskosität gibt die Fließfähigkeit beziehungsweise den Fließwiderstand der Matrix an. Bei einer höheren Viskosität der Matrix ergibt sich eine geringere Fließrate. Daher werden zur Durchtränkung textiler Preforms im Vakuuminfusionsprozess üblicherweise Harze mit geringer Viskosität verwendet. Die Viskosität von Harzen ist zudem abhängig von der Temperatur. Die Anpassung der Harztemperatur, Umgebungstemperatur und Werkzeugtemperatur ist von Bedeutung, um die Kontrolle über die Vakuuminfusion zu erhalten und Bauteile mit reproduzierbarer Qualität herzustellen [37]. Ebenfalls hat der Aushärtegrad Einfluss auf die Viskosität der Matrix. Mit zunehmendem Reaktionsfortschritt nimmt die Viskosität der Matrix zu [15].

Die Durchlaufzeit des Bauteils und die Topfzeit der Matrix bestimmen die maximale Infusionsdauer. Durch die Verwendung einer Fließhilfe kann die Infusionszeit erheblich reduziert werden [15]. Die Fließhilfe besteht aus einem Material mit hoher Permeabilität, durch die sich das Harz schnell ausbreiten kann. Dadurch muss die Preform nur noch in Dickenrichtung getränkt werden, die im Verhältnis zu den anderen Bauteilabmessungen sehr klein ist. Die Permeabilität in transversaler Richtung wird damit zur entscheidenden Komponente. [15]

Durch Jensen et al. [4] konnte die Imprägnierung von Strukturen, die aus einer textilen Komponente und aus einer für das Harz nicht durchtränkbaren Komponente bestehen, nachgewiesen und beschrieben werden. Dabei wurde die Durchtränkung der Halbzeuge im VARTM-Verfahren realisiert und die Fließwege der Matrix analysiert. Um Fließwege herzustellen und damit die Durchtränkung in transversaler Richtung zu ermöglichen, wurden Perforationen in die Metallfolien eingebracht. Diese wirken jedoch als Rissinitiatoren und führen zu einer Beeinträchtigung der mechanischen Eigenschaften des Laminats [38]. Die Anzahl und Größe der Perforationen muss also ausreichend sein, die Fasern zu tränken, ohne dabei die mechanischen Eigenschaften signifikant zu vermindern [39]. Der Harzfluss durch ein entsprechendes Laminat-Halbzeug aus textilen Lagen und perforierten Metallfolien, die VARTM mit der Matrix durchtränkt werden, ist in Abbildung 2-4 schematisch dargestellt und unterscheidet sich signifikant von der in Abbildung 2-3 dargestellten Ausbreitung der Harzfront in einem rein textilen Preform.

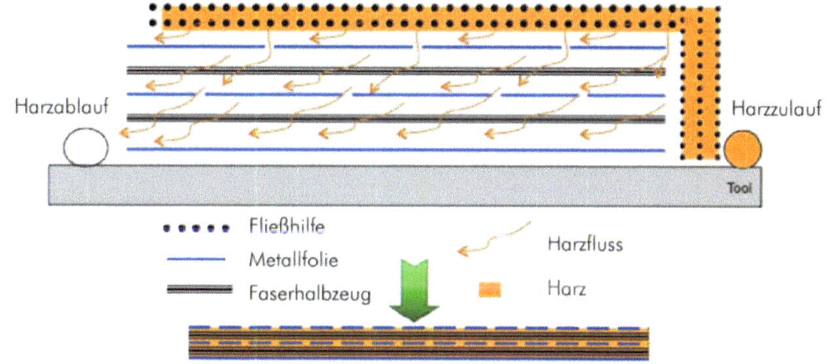


Abbildung 2-4: Harzfluss durch ein FML-Halbzeug im VARTM-Verfahren nach [4]

Die Kontrolle der oben genannten Prozess-Parameter ist entscheidend für die Bauteilqualität. Fehler im Ablauf können zu Poren, trockenen Stellen und Dicken- beziehungsweise Faservolumengehalts-Variationen führen [37]. Poren haben einen großen Einfluss auf die Qualität eines Bauteils. Ein hoher Porenanteil beeinträchtigt vor allem die von der Matrix bestimmten Eigenschaften, wie Druck- und Scherfestigkeit. Gründe für Poren sind Lecks im Vakuumaufbau, gelöstes Gas im Harz, Sieden von Wasser und mechanisch eingeschlossene Luft im Textil oder im Harz [15, 37, 40]. Lecks im Vakuumaufbau entstehen vor allem durch fehlerhafte Anbringung der Dichtung der Vakuumfolie. Durch den negativen Druck in der Form wird Luft durch Lecks in die Matrix gezogen. Durch Vakuumtests können Lecks identifiziert und anschließend behoben werden. [37] Die Textilarchitektur spielt bei der Infusion eine signifikante Rolle. Textile Gebilde haben durch ihren Aufbau eine ungleiche Mikrostruktur. Gelege oder Gewebe bestehen aus Rovings, welche wiederum aus einzelnen Filamenten bestehen. Die Permeabilität zwischen den Filamenten unterscheidet sich von der zwischen den Rovings. Bei der Infusion können sich Poren zwischen den Rovings, aber auch innerhalb dieser, zwischen den einzelnen Filamenten, festsetzen. Hohe Fließgeschwindigkeiten führen dazu, dass die Bereiche zwischen den Rovings gut durchtränkt werden. Innerhalb der Rovings können dadurch jedoch Poren eingeschlossen werden. Bei geringen Fließgeschwindigkeiten ist die treibende Kraft der Infusion die Kapillarwirkung, wodurch die Rovings durchtränkt werden. In den Zwischenbereichen bilden sich hingegen Poren. Aufgrund ihres höheren Volumens im Vergleich zu den Poren innerhalb der Rovings, werden diese Einschlüsse Makroporen genannt und die Einschlüsse innerhalb der Rovings Mikroporen. Die Porenbildung in Abhängigkeit von der Fließgeschwindigkeit ist in Abbildung 2-5 dargestellt. Um ein möglichst porenarmes Laminat zu erhalten, kann eine optimale Fließgeschwindigkeit ermittelt werden [41]. Im Allgemeinen wird eine hohe Fließgeschwindigkeit gegenüber einer geringen bevorzugt, da die Poren zwischen den Rovings größer sind und zu einem höheren Porenanteil führen können als die Poren innerhalb der Rovings, die bei geringer Fließgeschwindigkeit entstehen [37] . Mechanisch festgesetzte Poren können nach vollständiger Tränkung beseitigt werden. Dazu wird ein kontinuierlicher Harzfluss aufrechterhalten, durch den die die Poren dem Druckgradienten folgen und ausgespült werden. Das „Auswaschen“ kann für größere Bauteile aufgrund der benötigten Harzmenge und der langen Prozessdauer hohe Kosten aufweisen [15].

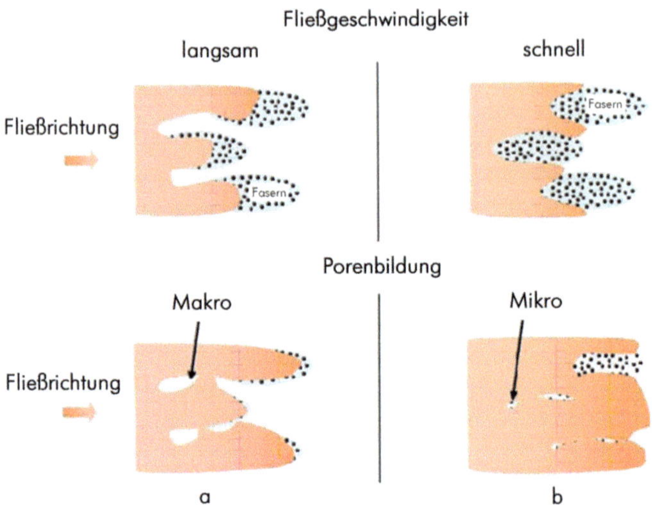


Abbildung 2-5: Porenentstehung bei unterschiedlichen Fließgeschwindigkeiten nach [41]

Im Harz gelöste Gase (wie zum Beispiel Luft) sind ein weiterer Ursprung von Poren. Die Löslichkeit von Gasen im Harz ist unter Atmosphärendruck höher als unter Vakuum. Das Verhältnis eines gelösten Gases in einer Flüssigkeit ist direkt proportional zum Partialdruck über der Flüssigkeit. Demnach würde sich das gesamte gelöste Gas bei absolutem Vakuum verflüchtigen. Da bei der Vakuuminfusion ein hohes Vakuum erzeugt wird, bleibt nur wenig Gas im Harz gelöst [15]. Diesem Phänomen kann entgegengewirkt werden, indem das Harz vor der Infusion entgast wird. Dies kann vor und/oder nach dem Mischen mit dem Härter erfolgen [37]. Bei der Entgasung wird die Matrix durch ein hohes Vakuum evakuiert. Wird das Harz durch ein höheres Vakuum evakuiert, als später bei der Infusion verwendet wird, hat dies zusätzlich den Effekt, dass sich bei der Infusion entstehende Poren im Harz lösen können. Nachteilig ist, dass die Entgasung den Aushärteprozess des Harzes beschleunigen kann [15]. Nach demselben Prinzip kann nach vollständiger Tränkung und Abklemmen des Zulaufs das Laminat durch ein geringeres Vakuum weiterevakuiert werden. Durch eine Reduzierung des Vakuums in diesem Prozessschritt, ist es möglich, dass sich Poren im Harz lösen können. Dabei ist es wichtig, dass das Harz noch nicht geliert. Durch die Erhöhung des Drucks im Laminat reduziert dieses Vorgehen allerdings den Faservolumengehalt und benötigt zusätzliche Zeit [37].

Feuchtigkeit im Textil kann ebenfalls zu Poren führen. Wasser aus der Luftfeuchtigkeit kann von den Textilien während der Lagerung adsorbiert und absorbiert werden. Der Anteil des Wassers ist oft gering und hat bei atmosphärischer Umgebung keinen negativen Einfluss auf das Textil. Unter Vakuumbedingungen kann es allerdings bei Raumtemperatur sieden. Bei einem Druck von 10 mbar liegt der Siedepunkt von Wasser bei 8 °C. Das Problem des Übergangs des Wassers vom flüssigen in den gasförmigen Zustand, ist die Volumenänderung. Bei 20 mbar nimmt das Volumen des gasförmigen Wassers im Vergleich zum flüssigen Zustand um den Faktor 67000 zu [40]. Die Infusion kann auch über dem Siedepunkt durchgeführt werden, wenn die Anforderungen an die mechanische Qualität des Bauteils dies erlauben [40].

Trockene Stellen entstehen durch eine fehlerhafte Auslegung des Infusionsaufbaus oder große Inhomogenität der Preformpermeabilität, die dazu führt, dass die Matrix an bestimmten Stellen schneller fließen kann („Racetracking") [37]. Trockene Stellen bedeuten nicht, dass Luft eingeschlossen wurde, sondern, dass das Harz eine Stelle nicht getränkt und diese umschlossen hat. Das ist daran zu erkennen, dass der Harzfluss nicht sofort stoppt, wie es bei einem Lufteinschluss durch ein Druckgleichgewicht der Fall wäre. An trockenen Stellen ist eine Faser-Matrix-Anbindung nicht gegeben, was die mechanischen Eigenschaften deutlich reduziert [37].

Ein Dickengradient entsteht durch den Druckgradienten der Vakuuminfusion. Die flexible Vakuumfolie ermöglicht die Variation der Laminatdicke. Die Fasern werden durch die Druckdifferenz zwischen Umgebungsdruck und Atmosphärendruck komprimiert. Bevor der Zulauf geöffnet wird und das Harz die Preform imprägniert, wirkt der gesamte Druck auf die Fasern. Wird die Preform mit Harz getränkt, übernimmt das Harz einen Teil der Last, was dazu führt, dass der Verdichtungsdruck abnimmt und die Preformdicke zunimmt. Bedingt durch den Druckgradienten nimmt der interne Harzdruck Richtung des Ablaufs ab [37] . Der Dickengradient kann nach Abklemmen des Zulaufs und weiterem Evakuieren der Preform durch ein Vakuum behoben werden. In der Preform wird dann ein Druckausgleich angestrebt. Dadurch verringert sich die Dicke und der Faservolumengehalt wird erhöht. Durch ein zu hohes Vakuum kann es allerdings zum Ausgasen des Harzes kommen, wodurch Poren entstehen. Eine Erhöhung des Drucks in der Preform vor dem Abklemmen des Zulaufs, kann das Ausgasen des Harzes reduzieren und dennoch den Dickengradient reduzieren [37].

Werden in das Halbzeug Materialien integriert, die nicht vom Harz durchtränkt werden können, ist mit weiteren Effekten zu rechnen. Durch das Metall ist der Harzfluss in der Vakuuminfusion von FML begrenzt. In Dickenrichtung kann die Matrix lediglich durch die Perforationen fließen. Die Wahrscheinlichkeit, dass einzelne Fließfronten aufeinandertreffen und zusammenlaufen ist dadurch höher, als bei der Infusion reiner Textilien. Das Aufeinandertreffen von Fließfronten kann dazu führen, dass Luft eingeschlossen wird und sich Poren bilden [42]. Der Porenanteil an Stellen, an denen Fließfronten aufeinander getroffen sind, ist höher als im restlichen Laminat [14]. Vor allem ein direktes Aufeinandertreffen unter einem Winkel von 180° führt zu hohen Porenanteilen, aber auch bei geringeren Winkeln tritt dieses Phänomen auf [14]. Der Porenanteil an den Stellen, an denen Fließfronten zusammenlaufen, ist in Abhängigkeit von dem Winkel zwischen den Fließfronten in Abbildung 2-6 dargestellt. Diese Werte wurden durch den allgemeinen Porenanteil des Laminats bereinigt.

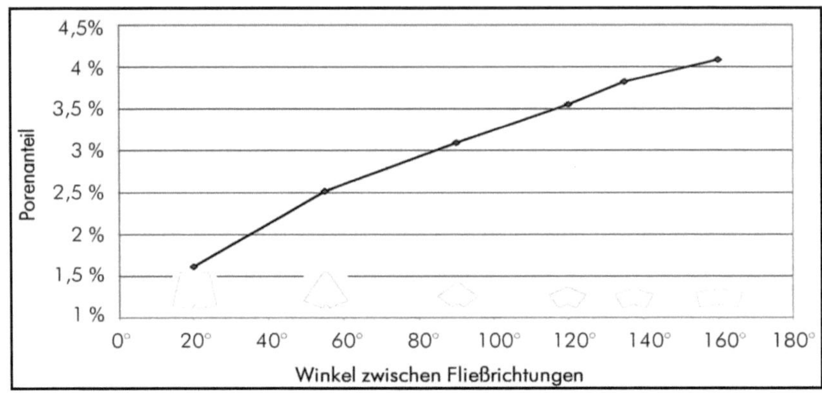


Abbildung 2-6: Porenanteil durch zusammenlaufende Fließfronten nach [14]

Auch Untersuchungen von Vakuuminfusionen von Sandwichstrukturen, bei denen die Matrix durch Bohrlöcher im Kern floss, zeigte, dass die Stellen, an denen die Fließfronten aus den Löchern zusammenlaufen, besonders porenreich waren [43].

Es ist anzunehmen, dass die vernähten Faser-Metall-Halbzeuge ähnlich einem normalen textilen Preform in einen Vakuuminfusionsaufbau integriert werden können, sich jedoch Unterschiede in Bezug auf den Verlauf der Fließfronten in Abhängigkeit von der Perforation der Metallfolien ergeben würden und mit einem erhöhten Anteil an Fehlstellen wie Poren, Variationen des Faservolumengehalts und der Laminatdicke sowie mit trockenen Stellen gerechnet werden könnte.

### 2.2.3 Statistische Versuchsplanung

Die Versuchsplanung und Auswertung der Versuchsergebnisse erfolgte soweit wie möglich mithilfe der Statistischen Versuchsplanung (englisch: design of experiments, (DoE)). Daher werden die Grundlagen dieses Verfahren im Folgenden erläutert.

Bei der statistischen Versuchsplanung handelt es sich um „eine Methode zur effizienten Planung und Auswertung von Versuchsreihen", die genutzt werden kann um mit möglichst geringem Aufwand den Einfluss verschiedener Eingangsgrößen sowie deren Zusammenwirken in Bezug auf die Ausgangsgrößen eines Systems zu ermitteln [44]. Die Eingangsgrößen des Systems werden als Parameter bezeichnet. Die Parameter, die im Versuchsplan enthalten sind, sind die sogenannten Faktoren. Die übrigen Parameter sollten überwacht und möglichst nicht verändert werden. Die untersuchten Ausgangsgrößen, die sich als Erfüllung von Funktionen durch das System in messbaren Ergebnissen äußern, werden als Qualitätsmerkmale bezeichnet. Der Einfluss eines Faktors auf das zu untersuchende System bzw. die Qualitätsmerkmale wird Effekt genannt. Qualitätsmerkmale müssen kontinuierliche Größen sein, damit ein Effekt bestimmt werden kann. Die Faktoren müssen gezielt und reproduzierbar eingestellt werden. Die Einstellungen der Faktoren werden Stufen genannt. Einstellungen von zweistufigen Versuchsplänen werden mit „+" oder „-" kodiert. Wobei „+" in der Regel für den hohen Einstellungswert und „–" für den geringeren steht. Jeder Faktor wird auf mindestens zwei Stufen eingestellt. Die Kombination von zu testenden Varianten und Kombinationen verschiedener Faktoren und Stufen wird in einem Versuchsplan zusammengefasst. Zur Konstruktion von Versuchsplänen werden in der Literatur verschiedene vorkonfektionierte Versuchspläne beschrieben, die entsprechend dem Anwendungsfall gewählt werden können. Ist es, beispielsweise aufgrund von nur begrenzt realisierbaren Stufenabständen nicht möglich, diese anzuwenden, können abweichend davon auch individuell erstellte Versuchspläne verwendet werden. Der Aufwand, bzw. die Anzahl der durchzuführenden Versuche, steigt mit der Anzahl der Faktoren und Stufen. Bei einem vollfaktoriellen Versuchsplan (Vollfaktorplan), bei dem alle Kombinationen der gewählten Faktoren und Stufen getestet werden, ergibt sich der Versuchsaufwand $n_r$ zu

$$n_r = n_l^{n_f} \tag{2-2}$$

als Anzahl der Kombinationen aus der Zahl der Faktoren $n_f$ und der Zahl der Stufen $n_l$.

Im Allgemeinen werden Versuchspläne angestrebt, die orthogonal und ausgewogen sind. Ein Versuchsplan orthogonal, wenn keine Kombination aus jeweils zwei Spalten miteinander korreliert und ausgewogen, wenn für jede Faktorstufe eines Faktors die Einstellungen der übrigen Faktoren gleich häufig vorkommen. Dadurch ermöglicht die statistische Versuchsplanung die gleichzeitige Variation mehrere Faktoren, bei der dennoch die Zuordnung der Effekte gegeben ist. [44]

Mit zweistufigen Versuchsplänen wird der lineare Effekt eines Faktors auf ein Qualitätsmerkmal ermittelt. Wird eine nichtlineare Abhängigkeit erwartet, werden mehrere Stufen gewählt. Ebenso kann das Hinzufügen eines Zentralpunktes mit wenig Aufwand die lineare Abhängigkeit prüfen. Bei signifikanter Abweichung des Zentralpunktes hat mindestens ein Faktor einen nichtlinearen Effekt. Die Abweichung von der Linearität kann allerdings keinem Faktor zugeordnet werden. Die Effekte der Einflussgrößen bleiben somit unverändert. Die Verwendung eines Zentralpunktes reicht deshalb nicht für eine quadratische Modellbildung aus [45].

Die Auswertung erfolgt anhand standardisierter Effekt- und Wechselwirkungsdiagrammen. Der Effekt eines Faktors berechnet sich aus der Differenz der Mittelwerte eines Qualitätsmerkmals bei jeweiliger gleicher Einstellung des Faktors. Hängt der Effekt eines Faktors von der Einstellung eines anderen Faktors ab, lässt sich dies über die Ermittlung des Wechselwirkungseffekts bestimmen. Der Wechselwirkungseffekt wird aus der Differenz der Mittelwerte der Faktoren bei gleicher und ungleicher Einstellung bestimmt. [44]

Der Wert der Steigung des Graphen im Effektdiagramm charakterisiert den Effekt. Hängt der Effekt eines Faktors von der Einstellung eines anderen Faktors ab, wird dieser Zusammenhang als Wechselwirkung bzw. Wechselwirkungseffekt bezeichnet. In einem Wechselwirkungsdiagramm wird der Effekt eines Faktors für unterschiedliche Randbedingungen (Stufen eines anderen Faktors) dargestellt. Der Wechselwirkungseffekt wird durch die Nichtparallelität zwischen den Graphen im Wechselwirkungsdiagramm deutlich. Wären die Geraden parallel bestünde keine Wechselwirkung zwischen den Faktoren. [44]

# 3 Durchgeführte Arbeiten und Ergebnisse

Um den vorgesehenen und in Abschnitt 2.2 beschriebenen Fertigungsprozess zur Herstellung von FML aus Hybridtextilien im Infusionsverfahren untersuchen und darstellen zu können, wurden die in den nachfolgenden Abschnitten beschriebenen Arbeiten durchgeführt.

## 3.1 Definition Referenzstruktur und Materialien (AP 1)

Vorbereitend zu den Untersuchungen der einzelnen Prozessschritte in dem angestrebten Herstellungsprozess für Faser-Metall-Laminate wurden Referenzstrukturen definiert und eine Materialauswahl getroffen. Diese Schritte wurden in Abstimmung mit den Mitgliedern des projektbegleitenden Ausschusses durchgeführt.

### 3.1.1 Definition Referenzstruktur

Die kommerziell erhältlichen FML wie GLARE® werden vor allem im Luftfahrtbereich eingesetzt. Aufgrund der hohen Fertigungskosten eigenen sie sich kaum für den Einsatz in kostensensitiven Bereichen wie dem Automobilbau oder Logistikanwendungen. Aufgrund der Eigenschaften wie einer hohen Schlagbeständigkeit würde sich der Einsatz in derartigen Bereichen jedoch ebenfalls anbieten. Daher wurden beispielhaft Bereiche ermittelt, in denen FML eingesetzt werden könnten, wenn eine kostengünstigere Fertigung ermöglicht würde.

Im Rahmen des Projekts sollte die Möglichkeit untersucht werden, sowohl großflächige, ebene Platten- oder Schalenstrukturen als auch komplexere, gekrümmte Profilstrukturen aus den vernähten Faser-Metall-Halbzeugen herzustellen.

Als Referenzstruktur für den Einsatz großflächiger Schalenstrukturen wurden Seitenwände von Luftfrachtcontainern ausgewählt. Luftfrachtcontainer, die zum Transport von Waren in Flugzeugrümpfen eingesetzt werden, sollen ein möglichst geringes Leergewicht aufweisen. Bei einem Transport in einem A330 kann eine Gewichtseinsparung von einem Kilogramm zu einer Reduzierung des Kerosinverbrauchs von 162 Liter Kerosin führen, wodurch der Ausstoß des Treibhausgases $CO_2$ um 528 kg gesenkt werden kann. [46] Gleichzeitig sind hohe Zuladungsgewichte aufzunehmen und die Wände müssen gegen den Durchstoß von ungenügend gesicherten Gütern gesichert sein. Zudem werden die Container im Verladebetrieb häufigen Impactbelastungen, beispielsweise durch den Aufprall von Gabelstaplern ausgesetzt. Teilweise werden die Container auch über den Boden gezogen, wobei die genieteten Verbindungsstellen zwischen dem Containerrahmen und den Seitenwänden einer starken Belastung ausgesetzt werden, sodass die FML aufgrund des zu erwartenden hohen Nietausreißwiderstandes eine Verbesserung zu bisher eingesetzten reinen Aluminiumplatten bieten würden. Da die Containerwände mithilfe von Schrauben und Nieten an der Rahmenstruktur des Containers befestigt werden, wurde angenommen, dass eine Mindestdicke des Laminats von 2 bis 3 mm angestrebt werden sollte, um ein Ausreißen an den Befestigungspunkten zu verhindern. Eine weitere Erhöhung der Laminatdicke würde zu einem zu hohen Strukturgewicht beitragen.

Im Automobilbau werden verschiedene Crash-Strukturen eingesetzt, um bei verschiedenen Unfallszenarien den Insassenschutz durch eine ausreichende Integrität der Fahrgastzelle zu gewährleisten [17]. Ein Seitenaufprallträger, der als schlag- bzw. crash-beanspruchte Struktur in die Türverkleidung eines Automobils integriert wird, soll beispielsweise einen Schutz bei einem möglichen Seitenaufprall, insbesondere bei einem seitlichen Pfahlaufprall bieten [17]. Konventionelle Seitenaufprallträger werden aufgrund der hohen Materialverfügbarkeit und kostengünstiger Herstellungsverfahren meist aus Metallen gefertigt [17]. Im Rahmen eines vorangegangenen Forschungsprojets wurde die Substitution einer derartigen Struktur aus kaltumgeformten Stahl mit einer Dicke von 1,6 mm, einem Originalgewicht von 2 kg und einem Originalpreis von 2,40 € durch ein Bauteil aus kohlenstofffaserverstärktem Kunststoff untersucht [17]. Dazu wurde in Anlehnung an das Doppelhutprofil eines konventionellen Seitenaufprallträgers ein Werkzeug zur kontinuierlichen Fertigung eines ähnlichen Profils in Faserverbundbauweise entwickelt [17], das in Abbildung 3-1 zu sehen ist.

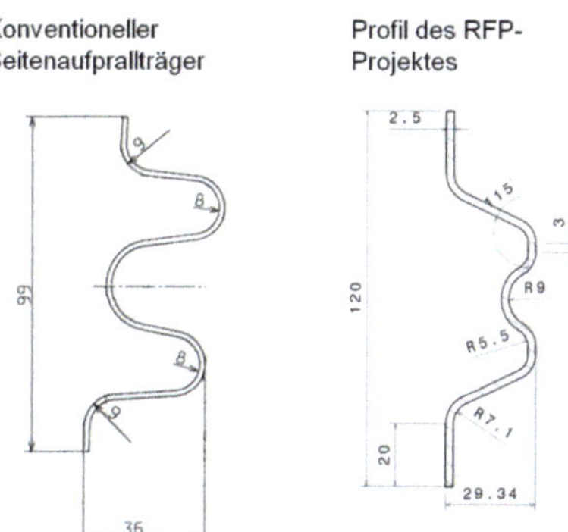


Abbildung 3-1: Vergleich des Querschnitts eines konventionellen Pkw-Seitenaufprallträgers von der Firma Honda mit einem Doppelhutprofil (links) und der im Rahmen des RFP-Projektes davon abgeleiteten Hutgeometrie für CFK-Seitenaufprallträger [17]

Um die kontinuierliche Fertigung als Profil zu ermöglichen und zunächst die Eignung der entwickelten CFK-Struktur für den Einsatz als Crash-Struktur zu untersuchen, wurden die Randbereiche des Bauteils vereinfacht dargestellt [17]. Das zu substituierende Bauteil läuft im Randbereich mit der Tür zusammen [17], wie in Abbildung 3-2 zu sehen. Beide Bauteile weisen eine Länge von ca. 1 m auf [17].

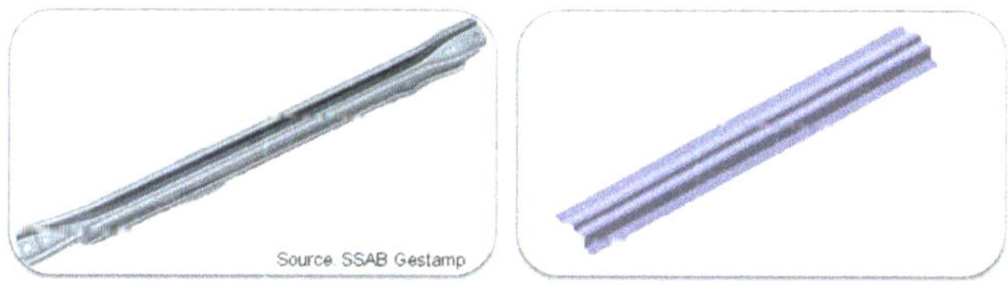


Abbildung 3-2: Darstellung der vollständigen Geometrie eines konventionellen Pkw-Seitenaufprallträgers aus Stahl von der Firma Honda (links) und des im Rahmen des RFP-Projektes daraus abgeleiteten Seitenaufprallträgers aus CFK (rechts) [17]

Die im Rahmen des Projekts RFP verwendete Referenzgeometrie sollte auch im Rahmen dieses Projekts verwendet und aus den hergestellten FML gefertigt werden. FML eignen sich aufgrund ihrer mechanischen Eigenschaften für den Einsatz in derartigen schlagbelasteten Strukturen. Zudem konnten anhand einer derartigen mehrfach gekrümmten Struktur die Herstellungsmöglichkeiten sowie das Umformverhalten der Faser-Metall-Halbzeuge untersucht werden.

### 3.1.2 Materialauswahl

Im Rahmen der Arbeiten im Projekt wurden die zu verwendenden Materialien festgelegt. Die verwendeten Materialien für die Faserverbundlagen und die metallischen Lagen der hergestellten FML werden im Folgenden beschrieben. Die Materialkombinationen sollten zum einen eine Verarbeitung sowohl im textilen als auch im Infusionsprozess ermöglichen und zum anderen die mechanischen Anforderungen erfüllen. Es wurden zwei Versuchsreihen mit unterschiedlichen metallischen Lagen durchgeführt.

#### Materialauswahl für den Faserverbundanteil der FML

Der Fokus bei der Auswahl der textilen Halbzeuge lag auf der Verwendung von kostengünstigen Glasfasern. Da in kommerziell erhältlichen FML ebenfalls häufig Glasfasern eingesetzt werden, ist hier eine Vergleichbarkeit anzustreben und eine erste Orientierung gegeben. Zudem besteht beim Einsatz von Glasfasern in direktem Kontakt zur metallischen Komponente – anders als es bei Verwendung von Kohlenstofffasern der Fall wäre – nicht die Gefahr der galvanischen Korrosion. Um einen einfachen Laminataufbau zu ermöglichen, wurde ein Gelege verwendet. Als textiles Verstärkungsmaterial wurde das Glasfasergelege KN G 800M2 der Firma P-D Glasseiden GmbH Oschatz verwendet. Es handelt sich dabei um ein biaxiales Gelege aus E-Glasfasern mit einer Faserorientierung von $\pm 45°$ und einem Flächengewicht von 833 g/m$^2$ $\pm$ 5 % [47]. Die Eigenschaften der E-Glasfasern sind in Tabelle 3-1 aufgelistet.

Tabelle 3-1: Eigenschaften von E-Glasfasern [48]

| Eigenschaft | Wert |
|---|---|
| Dichte | 2,6 g/cm$^3$ |
| Zugfestigkei | 3400 MPa |
| Zug-E-Modul | 73 GPa |
| Bruchdehnung | 3,5 – 4 % |
| Thermischer Ausdehnungskoeffizient | $5 * 10^{-6}$ K$^{-1}$ |

Das duromere Matrixsystem der Faserverbundlagen sollte eine entsprechende Kompatibilität mit den weiteren Komponenten aufweisen und aufgrund der Verarbeitungsparameter wie bspw. der Topfzeit und der Viskosität die Infusion der FML-Strukturen ermöglichen. Zudem sollte die Matrix die mechanischen Anforderungen an die Struktur unterstützen und idealerweise eine hohe Weiterbrandbeständigkeit aufweisen.

Ausgewählt wurde das Epoxidharz EPIKOTE MGS RIMR 035c und der Härter Epicure Cureing Agent RIMH 037 der Firma HEXION. Beide Komponenten wurden entsprechend der Herstellerempfehlung im Verhältnis von 100 : 28 ± 2 gemischt. Die Aushärtung erfolgte bei einer Temperatur von 70 °C über einen Zeitraum von 8 Stunden. Die Eigenschaften des ausgehärteten Matrixsystems sind in Tabelle 3-2 angegeben.

Tabelle 3-2: Eigenschaften der Matrix EPIKOTE MGS RIMR 035c + EPIKURE Curing Agent RIMH 037 [49]

| Eigenschaft | Wert |
|---|---|
| Dichte | ca. 1,15 g/cm³ |
| Elastizitätsmodul | ca. 3,1 MPa |
| Zugfestigkeit | ca. 70 MPa |
| Bruchdehnung | 7 – 10 % |
| Biegefestigkeit | ca. 115 MPa |
| Biegemodul | ca. 3,2 GPa |

Das ausgewählte Harzsystem wurde bereits im Rahmen von vorangegangenen Forschungsvorhaben untersucht, wobei eine gute Kompatibilität mit den gewählten Fasermaterialien und gute mechanische Eigenschaften im Faserverbund festgestellt werden konnten. Ein Infusionsharzsystem, das brandhemmende Eigenschaften aufweist, konnte nicht erworben werden. Brandhemmende Stoffe werden den Harzen meist in Form von Feststoffen wie Pulvern beigemischt. Im Infusionsprozess würden sich diese Feststoffe im Zulauf oder an einzelnen Stellen im Textil absetzen, sodass keine gleichmäßige Verteilung im Faserverbundmaterial stattfinden würde. Harzhersteller forschen jedoch aufgrund der steigenden Nachfrage von Anwenderseite aus nach Möglichkeiten, brandhemmende Eigenschaften auch in Infusionsharzen zum Einsatz zu bringen. Daher wurde die Auswahl des genannten Standard-Harzsystems beibehalten. Weitere Harzsysteme wurden nicht untersucht, um die Größe der Versuchsmatrix zu begrenzen und zunächst die generelle Möglichkeit zur Fertigung von FML aus vornähten Hybridhalbzeugen im Infusionsverfahren zu zeigen.

Die glasfaserverstärkten Kunststoffe aus den gewählten textilen Materialien und dem Epoxidharz weisen nach der Infusion eine Lagendicke von ca. 0,7 mm auf.

## Materialauswahl für die Metalllagen der FML

Während die Komponenten für die Lagen aus faserverstärktem Kunststoff zu Beginn der Arbeiten festgelegt werden konnten, richtete sich die Auswahl der metallischen Werkstoffe vor allem nach der Verarbeitbarkeit im textilen Prozess, die zunächst in Vorversuchen untersucht wurde. Die Vorversuche sind in Abschnitt 3.2.2 beschrieben. Es wurden zwei verschiedene Metallfolien ausgewählt, die auf unterschiedliche Weise mit dem textilen Halbzeug vernäht wurden. Durch die Untersuchung von FML mit Metallfolien aus Stahl und Aluminiumlegierungen konnten unterschiedliche Festigkeits- und Dehnungsniveaus abgedeckt werden.

Im Rahmen einer ersten Versuchsreihe wurden Stahlfolien verwendet. Die verwendeten Stahlfolien bestehen aus dem unlegierten Stahl DC04 mit der Werkstoffnummer 1.0338. Bei diesem Werkstoff handelt es sich um einen konventionellen Tiefziehstahl [50]. Dieser kann auch in Materialdicken bis zu 1 mm zur Herstellung drapierbarer FML verwendet werden, da die Umformung einfach möglich ist [51]. Das Material ist zudem durch die gute Verfügbarkeit und den geringen Preis geeignet, um eine wirtschaftliche Herstellung der FML zu ermöglichen. Generell konnte im Rahmen der in Abschnitt 3.2.2 beschriebenen Vorversuche gezeigt werden, dass dieser Werkstoff zur Verarbeitung im angestrebten textilen Prozess geeignet ist. Dicke Lagen wie die von Werner [51] verwendeten können jedoch nicht vernäht werden. Die verwendeten Stahllagen haben eine Dicke von 0,1 mm ± 0,004 mm und wurden von der h+s Präzisionsfolien GmbH geliefert. Die Eigenschaften der Folien sind in der Tabelle 3-3 aufgeführt. Zwei Lagen des Materials mit einer Foliendicke von 0,1 mm können mit mehreren Lagen des gewählten Glasfasergeleges vernäht werden. Zudem wurde das Material bereits in vorherigen Projekten eingesetzt. Eine Eignung für den Einsatz in der beschriebenen Seitenaufprallträgerstruktur konnte dabei generell nachgewiesen werden [16].

Tabelle 3-3: Eigenschaften der Stahlfolie DC04 (Werkstoff 1.0338) [52]

| Eigenschaft | Wert |
|---|---|
| Dichte | 7,86 g/cm$^3$ |
| Zugfestigkeit | >590 N/mm$^2$ (+C590) |
| Elastizitätsmodul | 210 GPa |
| Thermischer Ausdehnungskoeffizient | 12 * 10$^{-6}$ K$^{-1}$ |

Um das Gesamtgewicht der Strukturen möglichst gering zu halten, sollten in einer weiteren Versuchsreihe Folien oder Feinbleche aus Aluminiumlegierungen für die metallischen Lagen verwendet werden. Daher wurden zunächst Vorversuche zur Vernähung des Glasfasergeleges mit Folien der Legierung EN AW-1050A in den Dicken 0,1 mm, 0,2 mm und 0,3 mm durchgeführt, die von der Firma ALUJET GmbH zur Verfügung gestellt wurden. Diese waren jedoch nicht geeignet die Anforderungen des Prozesses zu erfüllen. In GLARE®- und ARALL®-Laminaten werden vorwiegend Aluminiumfolien der Legierungen Al EN AW-2024-T3 und 7475-T76 verwendet. Die Legierung Al EN AW-2024 wird als Folie mit einer Dicke von 0,3 mm oder 0,4 mm verwendet [53]. Die Eigenschaften dieser Folien sind in Tabelle 3-4 angegeben. Aufgrund des hohen Materialpreises und einer geringen Verfügbarkeit wurden lediglich einige Versuche zur Herstellung von FML mit Metallfolien aus dieser Legierung mit einer Dicke von 0,4 mm durchgeführt. Im Rahmen der Versuche zur textilen Verarbeitung der Materialien, die in Abschnitt 3.2 beschrieben wird, wurde festgestellt, dass es nicht möglich war, die Folien aus dieser Legierung direkt mit den textilen Lagen zu vernähen. Daher wurden die Folien vor dem Vernähen mit einem Perforationsmuster versehen.

Tabelle 3-4: Eigenschaften der Folie Al EN AW-2024 (Werkstoff 3.1355, AlCu4Mg1) [54]

| Eigenschaft | Wert |
|---|---|
| Dichte | 2,77 g/cm³ |
| Zugfestigkeit | 425 N/mm² |
| Elastizitätsmodul | 73 GPa |
| Thermischer Ausdehnungskoeffizient | $23{,}1 * 10^{-6}\ K^{-1}$ |

Die Anbindung der Laminatschichten kann durch geeignete Oberflächenbehandlung der Metallfolien optimiert werden. Die Oberflächen der Metallfolien aus der Aluminiumlegierung EN AW-2024 waren mit einem Primer beschichtet.

## 3.2 Auslegung und Herstellung des Hybridhalbzeugs (AP 2)

Aufgrund der Herstellung der hybriden Halbzeuge in einem der Durchtränkung mit dem Matrixmaterial vorgelagerten Prozessschritt wurden zum einen Vorteile in Bezug auf die Handhabung und Weiterverarbeitung der Halbzeuge als auch Verbesserungen der Materialeigenschaften der hergestellten Laminate erwartet. Um ein von Textilunternehmen nutzbares Verfahren zur Herstellung der Halbzeuge zu entwickeln, war zu prüfen, inwieweit die Integration in bestehende Herstellungsprozesse möglich ist und unter welchen Bedingungen ein Vernähen der Metalllagen mit dem Textil umgesetzt werden kann. Zudem war zu erwarten, dass das Umformverhalten des Materials durch die Kombination von Textil- und Metalllagen beeinflusst wird. Daher wurden Untersuchungen zur Drapierbarkeit der Faser-Metall-Preforms für definierte Umformgrade durchgeführt.

Die Glasfasergelege und Metallfolien wurden zunächst durch Vernähen zu hybriden Halbzeugen verbunden, bevor diese im Infusionsverfahren mit dem Matrixmaterial durchtränkt wurden. Dieser Textilprozess ist, wie in Kapitel 2.2 beschrieben, Teil des gesamten Herstellungsprozesses. Variationen der Parameter in diesem Prozessschritt wirken sich sowohl auf die Verarbeitung im Nähprozess sowie die nachfolgenden Prozessschritte als auch auf die Eigenschaften der hergestellten Prüfkörper und Bauteile aus.

Um den Einfluss der Nähparameter und des Lagenaufbaus und den Infusionsprozess zu untersuchen, wurden verschiedene Laminate gefertigt. Um die Effekte und Abhängigkeiten untersuchen und gleichzeitig den Aufwand so gering wie möglich zu halten, wurde die Versuchsplanung mittels DoE, wie in Abschnitt 2.2.3 beschrieben, durchgeführt. Die im textilen Prozess hergestellten hybriden FML-Halbzeuge wurden anschließend im Vakuuminfusionsverfahren mit der Matrix durchtränkt. Zusätzlich wurden einige Halbzeuge vernäht, die zur Untersuchung der Drapierbarkeit der Faser-Metall-Preforms für definierte Umformgrade verwendet wurden.

In den folgenden Abschnitten werden die Ergebnisse zur Untersuchung des Textilen Prozesses und der Umformbarkeit der der hergestellten Halbzeuge im Einzelnen dargestellt.

### 3.2.1 Konfektion der Textilien

Wie in Abschnitt 3.1.2 beschrieben wurden zwei Versuchsreihen mit unterschiedlichen metallischen Materialien durchgeführt. Mit beiden Materialkombinationen wurden Laminate mit zwei unterschiedlichen symmetrischen Lagenaufbauten hergestellt und getestet. In jedem Lagenaufbau sind zwei Metallfolien und drei Lagen des Glasfasergeleges enthalten, wobei in Lagenaufbau 1 alle Glasfaserlagen zwischen den Metallfolien liegen und in Lagenaufbau 2 die Materialien abwechselnd aufeinandergeschichtet worden sind, wie in Abbildung 3-3 zu sehen. Im Rahmen der nachfolgenden Untersuchungen wurden die Durchtränkungs- und die Laminateigenschaften in Abhängigkeit von dem gewählten Lagenaufbau untersucht.

Um die Vergleichbarkeit der Eigenschaften der Laminate mit den unterschiedlichen Lagenaufbauten zu gewährleisten, sollten in beiden Lagenaufbauten gleich viele Metallfolien und textile Lagen enthalten sein. Dies ist bei dem in Gleichung (3-1) gegebenen Verhältnis von

$$\frac{Anzahl\ metallischer\ Lagen}{Anzahl\ textiler\ Lagen} = \frac{2}{3} \tag{3-1}$$

möglich.

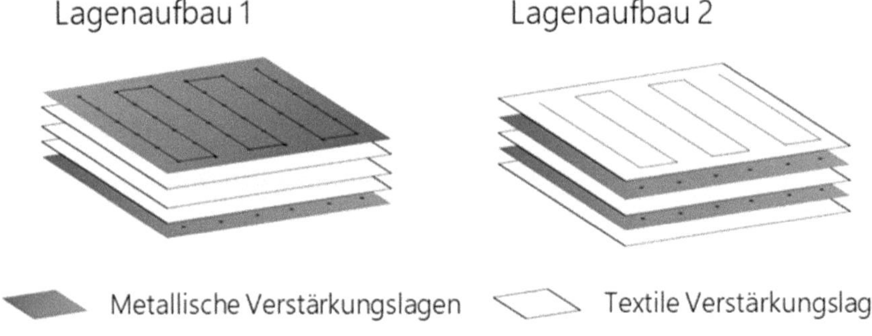


Abbildung 3-3: Lagenaufbauten der untersuchten FML

Um die Eignung für den Einsatz in Seitenwänden von Luftfrachtcontainern zu untersuchen, sollte Laminataufbau dergestalt ausgelegt werden, dass eine Laminatdicke von 2 bis 3 Millimetern erreicht wird. Eine Lage des infusionierten Glasfasergeleges weist eine Dicke von ca. 0,7 mm auf. In einem Lagenaufbau, der drei Lagen des Glasfasergeleges sowie zwei Lagen Metallfolie enthält, ist diese Anforderung umgesetzt und das geforderte Verhältnis der Anzahl der Lagen von 3:2 erreicht.

Für die beschriebene Seitenaufprallträgerstruktur wurde von Müller [17] überschlägig eine maximale Zuglast der zu substituierenden Profilstruktur von 350 kN ermittelt. Im Rahmen einer überschlägigen Erstauslegung wurde ermittelt, dass ein Laminat aus reinem GFK aus drei Lagen des verwendeten Glasfasergeleges bestehen sollte, um eine vergleichbare Zuglast aufzunehmen. Das Verhältnis der Lagen von 3:2 wird damit erreicht.

Zudem ist davon auszugehen, dass die relevanten Schlag- bzw. Crash-Eigenschaften auch durch die einzusetzenden Metallfolien positiv beeinflusst würden.

Zur Untersuchung der Herstellungsprozesse und der Laminateigenschaften wurden zunächst ebene Laminate in Coupongröße hergestellt. Diese wurden aus je zwei Lagen Metallfolie und drei Lagen Glasfasergelege aufgebaut und anschließend infusioniert.

## Aufbau der Laminat-Halbzeuge aus Stahlfolie und Glasfasergelege

Zur Herstellung der vernähten Faser-Metall-Laminathalbzeuge aus Stahlfolie und Glasfasergelege war das direkte Vernähen der Lagen geeignet.

Die Metallfolien konnten mit geringem Kraftaufwand mit einem Cuttermesser oder Rollenschneider zugeschnitten werden. Die Größe der Zuschnitte wurde dabei so gewählt, dass ein Stickfeld von ca. 300 mm Länge und Breite zur Verfügung stand.

Die Größe einer Lage des Glasfasergeleges wurde so gewählt, dass der Zuschnitt im Stickrahmen der TFP-Stickmaschine an allen Seiten eingespannt werden konnte. Die weiteren textilen Lagen wurden etwas größer als die Metallfolie zugeschnitten.

## Aufbau der Laminat-Halbzeuge aus Aluminiumfolie und Glasfasergelege

Die gewählte Folie aus der Aluminiumlegierung EN AW-2024 konnte nicht direkt vernäht werden. Die Vorversuche zur Perforation der Metallfolie mithilfe einer Sticknadel in der verwendeten TFP-Stickmaschine werden im nachfolgenden Abschnitt 3.2.2 detaillierter beschrieben.

Der Zuschnitt der Außenkontur mit einem Cuttermesser oder einer Blechschere ist ebenfalls nur mit einem erheblichen Kraftaufwand zu bewerkstelligen.

Daher wurden die Metallfolien vor dem Vernähen extern im Wasserstrahlschneidverfahren perforiert und zugeschnitten. Der Perforationsdurchmesser wurde auf 2,0 mm festgelegt. Aufgrund der Schneidstrahlbreite der Wasserstrahlschneidanlage beträgt der Durchmesser der Perforationen der zugeschnittenen Folien bei ca. 2,5 mm. Bei einem Perforationsdurchmesser zwischen 2,0 mm und 3,0 mm wurde nach Rücksprache mit dem Hersteller der Stickanlage, ZSK Stickmaschinen GmbH, davon ausgegangen, dass die Materialien noch auf der Stickmaschine positioniert und verarbeitet werden können. Bei Verwendung eines geringeren Perforationsdurchmessers wäre die Gefahr gestiegen, dass die Nadel auf dem Metall und nicht wie vorgesehen in der Perforation auftrifft. Größere Perforationsdurchmesser sollten nicht verwendet werden, um die Materialschädigung durch die Perforation so gering wie möglich zu halten. Die perforierten Metallfolien sind in Abbildung 3-4 zu sehen.

Um die Dauer und damit die Kosten der Herstellung der Perforation zu reduzieren, wurden jeweils vier Folien übereinandergeschichtet perforiert. Dennoch dauerte der Zuschnitt eines Stapels aus vier übereinanderliegenden Blechen mehrere Stunden, wobei die Dauer des Schneidprozesses von dem gewählten Perforationsmuster abhängig war. Es wurden perforierte Flächen mit einer Länge von ca. 400 mm und einer Breite von ca. 300 mm hergestellt, die in Abbildung 3-4 zu sehen sind.

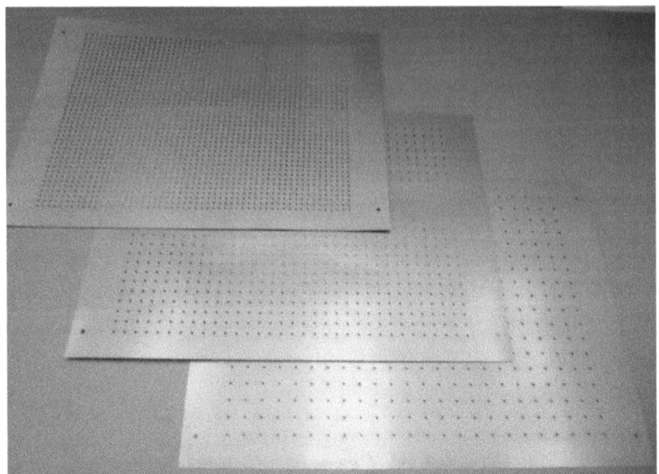

Abbildung 3-4: Verschiedene Varianten der im Wasserstrahlschneidverfahren perforierten Folien aus der Aluminiumlegierung EN AW-2024 - Perforationsabstand (von oben links nach unten rechts): 7,5 mm, 12,5 mm und 17,5 mm

### 3.2.2 Vernähen der Verbunde

Im Anschluss an die vorbereitenden Arbeiten, die in Abschnitt 3.2.1 beschrieben wurden, wurden die Metallfolien und die textilen Halbzeuge vernäht. Dazu wurden zwei unterschiedliche industrielle Stickmaschine verwendet.

Um den Einfluss der gewählten Nähparameter auf Verarbeitungs- und Materialeigenschaften zu analysieren, wurden mehrere jeweils Laminatvarianten aus den in Abschnitt 3.1.2 beschriebenen Materialkombinationen hergestellt. Die erwarteten und beobachteten Auswirkungen der Parameterwahl auf den textilen Verarbeitungsprozess werden in den folgenden Abschnitten beschrieben.

#### Generelle Annahmen zum Vernähen der Hybriden Faser-Metall-Halbzeuge und zum Einfluss der Naht auf folgende Prozessschritte und die Laminateigenschaften

Durch die Naht wird eine textile Verbindung zwischen Glasfasergelege und Metallfolie geschaffen. Es wurde erwartet, dass diese zu einer Erhöhung der interlaminaren Scherfestigkeit des Laminats führen würde. Zudem werden im Rahmen des Nähprozesses Perforationen in das Metall eingebracht, durch die die Durchtränkung des gesamten Lagenaufbaus im Infusionsprozess ermöglicht wird. Ein weiterer Vorteil des textilen Preformings wurde durch eine vereinfachte Handhabung und Weiterverarbeitung erwartet.

Es wurde jedoch ebenso erwartet, dass die durch die Perforationen in das Metall eingebrachten Schädigungen sowie die durch die Nähfäden verursachten Faserverschiebungen das Material schwächen würden.

Als Stichbild wurde ein regelmäßiges Muster aus parallel angeordneten Linien gewählt, bei dem der Stichabstand und der Abstand zwischen den einzelnen Stichreihen identisch sind. Um den Einfluss der Naht auf die Verarbeitungseigenschaften und die Eigenschaften der hergestellten Laminate zu untersuchen, wurden zur Herstellung der Halbzeuge jeweils drei Nahtbilder mit unterschiedlichem Stichabstand verwendet.

Die Verarbeitung der Materialien auf der TFP-Stickmaschine wurde in Abhängigkeit der gewählten Metallfolie durchgeführt.

## Vernähen der Halbzeuge aus Glasfasergelege und Stahlfolie

Im Rahmen der ersten Versuchsreihe wurden Faser-Metall-Laminate aus den in Abschnitte 3.1.2 beschriebenen Stahlfolien (unlegiert, Werkstoff: DC04 1.0338; Lieferant: h+s Präzisionsfolien GmbH; Dicke: 0,1 mm) und Glasfasergelegen (Materialbezeichnung: KN G 800M2; Lieferant: P-D Glasseiden GmbH Oschatz, Flächengewicht: 833 g/m$^2$) hergestellt. Diese Materialien wurden zu hybriden Halbzeugen vernäht.

Bei der zum Vernähen der Coupons aus Stahlfolie und Glasfasergelegen eingesetzte Maschine handelt es sich um eine industrielle Stickmaschine vom Hersteller Tajima, Modell TMLH-G108 Typ D3-1, Baujahr 4-2000.

Die zugeschnittenen Lagen wurden im Stickrahmen übereinander positioniert und vorläufig mithilfe von Klebeband aneinander fixiert, wobei die Metallfolien exakt übereinanderlagen.

Im Rahmen von Vorversuchen wurden zunächst ermittelt, inwieweit das Vernähen der gewählten Materialien möglich ist und welche Parameter zu wählen sind. Dazu wurde jeweils eine Lage Glasfasergelege und eine Lage Metallfolie verwendet.

Es hat sich gezeigt, dass sich an den Rändern der durch den Nadeleinstich erzeugten Perforationen im Metall scharfe Kanten bilden. Beim Zurückziehen der Nadel wird das Nähgarn zwischen der Nadel und diesen Kanten entlanggerieben und dadurch innerhalb kürzester Zeit aufgeraut bzw. eingeschnitten, wodurch vor allem bei hoher Nähgeschwindigkeit Fadenbrüche entstehen, wenn Garne eingesetzt werden, die für den Einsatzzweck nicht geeignet sind. Zudem war vorgesehen, dass die Naht die Anbindungsfestigkeit zwischen den einzelnen Lagen erhöht. Dementsprechend sollte ein Nähgarn verwendet werden, das eine Scheuer- und Schnitt- und Rissbeständigkeit aufweist.

Die Auswahl des Nähgarns erfolgte daher nach eingehender Beratung mit einem erfahrenen Hersteller von Industrie-, Näh- und Stickgarnen, der Amann & Söhne GmbH & Co. KG. Es wurden mehrere Nähgarne zum Vernähen der Metallfolie mit dem Textil getestet. Die getesteten Garne sind in Tabelle 3-5 aufgeführt. Zudem ist angegeben, aus welchem Grund das jeweilige Garn getestet wurde und welches Ergebnis die jeweiligen Versuche ergeben haben.

Tabelle 3-5: Varianten der Nähgarnauswahl (Produkte der Firma Amann & Söhne GmbH & Co. KG)

| Nähgarn: Produktbezeichnung | Beschreibung / Annahme | Ergebnis |
|---|---|---|
| Serafil 200/2 | Polyestergarn, häufig für TFP verwendet | Fadenabriss nach sehr wenigen Stichen, ungeeignet |
| Silver-tech 120 | Kombination von Polyester Multifilamenten u. silberbeschichteten Polyamid Multifilamentgarn | Fadenabriss nach wenigen Stichen, ungeeignet |
| Rasant 75 | Polyester/Baumwolle Umspinnzwirn; Idee: Umspinnung als „Opfer", Schutz der Endlosfilamente | Fadenabriss nach wenigen Stichen, ungeeignet |
| K-tech 75 | Material: langstapelige Para-Aramid-Fasern (schappe) der Marke Kevlar® DuPont™ → hohe Schnitt- u. Scheuerbeständigkeit | kaum Fadenabriss, Garn wirkt sehr dick, franst leicht aus, gut geeignet → Auswahl |
| Vc-tech with Vectran™ COMPHIL 80/2 | aus Vectran™ by Kuraray Co., Ltd. LCP (Liquid Crystal Polymer) → hohe Schnitt- u. Scheuerbeständigkeit | kein Fadenabriss, keine Ausfransungen, Garn wirkt dünn und stabil, sehr sauberes Nahtbild, sehr gut geeignet, Prototyp: nicht kommerziell oder in größerer Menge erhältlich |
| Serafil 60 | Polyestergarn mit hoher Rissbeständigkeit | Wenige Fadenabrisse, jedoch mehr als bei K-tech 75 |

Die in den ersten Versuchen eingesetzten Garne (AMMAN Serafil 200/2 und Silver-tech 120) brachen nach wenigen Nahtstichen, besonders bei hoher Nähgeschwindigkeit. Dieses Materialverhalten wird auf die Gratbildung beim Durchstechen der Metallfolie mit der Nadel zurückgeführt, an denen sich der Nähfaden aufreibt. Daher wurden weitere Garne (zwei Garne mit hohe Schnitt- und Scheuerbeständigkeit, ein Polyester/Baumwolle-Umspinnzwirn) getestet. Mit den beiden Garnen K-tech 75 und Vc-tech with Vectran™ COMPHIL 80/2 ließ sich ein sauberes Nahtbild erzeugen, wobei wenige bis keine Fadenbrüche auftraten. Das Garn Vc-tech with Vectran™ COMPHIL 80/2 ist etwas dünner als das Garn K-tech 75 und lässt sich leichter verarbeiten. Bei diesem Garn handelt es sich jedoch um einen Prototyp, der nicht nachproduziert wird. Um vergleichbare Ergebnisse zu erhalten, wurden alle weiteren Laminate mit dem Garn Ktech 75 vernäht. Dieses besteht aus lang gestapelten para-Aramidfasern der Marke Kevlar® DuPont™ und hat eine Feinheit von ca. 207 * 2 dtex, eine Höchstzugkraft von ca. 4800 cN und eine Höchstzugkraftdehnung von ca. 3 % [55].

Um Materialuntersuchungen durchzuführen und die Effekte der Verarbeitungsparameter analysieren zu können, wurden Faser-Metall-Laminate auf Couponebene in verschiedenen Varianten hergestellt. Um die Einflüsse der einzelnen Parameter auf den nachfolgenden Infusionsschritt und die Eigenschaften der hergestellten Laminate analysieren zu können und gleichzeitig die Anzahl der herzustellenden Coupon-Bauteile so gering wie möglich zu halten, wurde die in Abschnitt 2.2.3 beschriebene Methode des Design of Experiments (DoE) verwendet. Es wurde ein $2^3$-vollfaktorieller Versuchsplan mit zwei Zentralpunkten aufgestellt, bei dem die Parameter „Lagenaufbau", „Stichabstand", und „Perforationsdurchmesser" variiert wurden:

- **Lagenaufbau:** Es wurden die beiden in Abschnitt 3.2.1 beschriebenen Varianten „Lagenaufbau 1" und „Lagenaufbau 2" mit unterschiedlicher Anordnung der metallischen und textilen Lagen verwendet. Entsprechend den Untersuchungen von Kretschmer [16] war zu erwarten, dass die mechanischen Eigenschaften der hergestellten Laminate mit Lagenaufbau 1 höhere Werte aufwiesen als sie Laminate mit Lagenaufbau 2.

- **Perforationsdurchmesser:** Der Perforationsdurchmesser ist beim direkten Vernähen der Halbzeuge abhängig vom Durchmesser der jeweils verwendeten Nadel. Es wurden Nadeln mit einem Durchmesser von 0,7 mm, 0,9 mm und 1,1 mm verwendet. Es wurde erwartet, dass Nadeln mit einem größeren Durchmesser stabiler sind und weniger zum Brechen neigen als Nadeln mit geringerem Durchmesser. Zudem wurde erwartet, dass ein großer Perforationsdurchmesser die Durchtränkung im Infusionsverfahren positiv beeinflussen würde. Zu erwarten war jedoch auch eine stärkere Schwächung der Metallfolien bei größerem Perforationsdurchmesser und eine daraus resultierende Reduzierung der mechanischen Eigenschaften.

- **Perforationsabstand/Stichabstand:** Der Stichabstand wird durch das eingestellte Stickmuster festgelegt. Es wurden einfache Stichmuster aus parallel angeordneten Linien erstellt, bei dem die Abstände zwischen den Stichen gleich lang sind. Der Stichabstand variierte zwischen 5,0 mm, 12,5 mm und 20,0 mm. Die Halbzeuge wurden mit einem Doppelsteppstich vernäht. Es wurde angenommen, dass ein geringer Stichabstand und eine daraus resultierende hohe Perforationsanzahl einen positiven Einfluss auf Infusionsverhalten haben würde. Zudem wurde angenommen, dass die gleichzeitig hohe Nahtdichte die Anbindung zwischen den Lagen und damit die Festigkeit des Laminats in Dickenrichtung erhöhen würde. Gleichzeitig wurde jedoch davon ausgegangen, dass eine hohe Anzahl an Perforationen eine stärkere Materialschwächung in der Metallfolie sowie größere Ondulationen und Gaps in den Gelegen.

Um den Einfluss der Größe und den Abstand der Perforation gleichzeitig zu analysieren, wurden die Parameter kombiniert. Die gleichzeitige Änderung nur eines Parameters hätte eine hohe Anzahl von zu testenden Kombinationen bedeutet. Die gewählten Kombinationen aus Perforationsabstand und –durchmesser sind in Tabelle 3-6 dargestellt. Laminate mit beiden Varianten des Lagenaufbaus wurden jeweils mit den gezeigten Kombinationen der Nähparameter hergestellt. Diese gesamte Variantenanzahl ist in dem beschriebenen $2^3$-vollfaktorieller Versuchsplan mit zwei Zentralpunkten zu erkennen, der in Tabelle 3-6 zu sehen ist.

Tabelle 3-6: Kombinationen von Perforationsabstand und -größe

| Stichabstand in mm | | | | |
|---|---|---|---|---|
| | 20 | X | | X |
| | 12,5 | | x | |
| | 5 | x | | X |
| | | 0,7 | 0,9 | 1,1 |
| | | Nadeldurchmesser in mm | | |

Insgesamt wurden im Rahmen der Arbeiten mit dem gewählten Versuchsplan zehn Varianten von Faser-Metall-Halbzeugen hergestellt. Um die Lesbarkeit zu erhöhen, werden die Varianten der Laminate im Folgenden nach ihrer Parameterauswahl bezeichnet. Der erste Buchstabe gibt den Lagenaufbau an. A steht für Lagenaufbau 1 und B für Lagenaufbau 2. Die folgenden drei Ziffern geben den Stichabstand (in 1/10 mm) an und die letzten drei Ziffern den Nadeldurchmesser (in 1/100 mm).

Tabelle 3-7: Versuchsplan zur Herstellung von FML-Prüfkörpern aus Glasfasergelegen und Metallfolien aus Stahl

| Bezeichnung | Nadeldurchmesser in 1/100 mm | Stichabstand der Naht in mm | Lagenaufbau |
|---|---|---|---|
| A200110 | 110 | 20,0 | Lagenaufbau 1 |
| A200070 | 70 | 20,0 | Lagenaufbau 1 |
| A125090 | 90 | 12,5 | Lagenaufbau 1 |
| A050110 | 110 | 5,0 | Lagenaufbau 1 |
| A050070 | 70 | 5,0 | Lagenaufbau 1 |
| B200110 | 110 | 20,0 | Lagenaufbau 2 |
| B200070 | 70 | 20,0 | Lagenaufbau 2 |
| B125090 | 90 | 12,5 | Lagenaufbau 2 |
| B050110 | 110 | 5,0 | Lagenaufbau 2 |
| B050070 | 70 | 5,0 | Lagenaufbau 2 |
| GFK-Referenz | - | - | - |

Die hybriden Faser-Metall-Halbzeuge aus jeweils drei Lagen Glasfasergelege und zwei Lagen Stahlfolie konnten direkt in einem Prozessschritt vernäht werden. Dazu wurden Rundschaftnadeln vom Typ DBxK5 des Herstellers Groz-Beckert KG mit unterschiedlichen Nadeldurchmessern, die den in Tabelle 3-6 angegebenen Perforationsdurchmessern entsprechen, verwendet. Die Bezeichnungen und Nadelstärken sind Tabelle 3-8 zu entnehmen.

Tabelle 3-8: Verwendete Nadeln der Firma Groz Beckert KG

| Bezeichnung | Nadelstärke |
|---|---|
| GB-DBXK5-110RG | 110/18 Nm |
| GB-DBXK5-90SES | 90/14 Nm |
| GB-DBXK5-70SES | 70/10 Nm |

Das Vernähen von Lagenaufbauten mit mehr als zwei Lagen der gewählten Stahlfolie oder von Folien aus dem gleichen Werkstoff mit einer größeren Dicke als 0,1 mm war nicht möglich. Bei entsprechenden Versuchen kam es zu sehr häufigen Nadelbrüchen und Fadenbrüchen. Auch das Vernähen der Preforms mit drei Lagen Glasfasergelege und zwei Lagen Stahlfolie war teilweise mit Herausforderungen verbunden.

Die einzelnen Lagen der zu vernähenden Preforms wurden wie in Abschnitt 3.2.1 beschrieben aufeinander geschichtet und anschließend vernäht. Dabei wurde eine der textilen Lagen mit Hilfe einer Klemmvorrichtung an den Rändern des Stickrahmens der verwendeten Stickmaschine fixiert, wie in Abbildung 3-5 zu sehen.

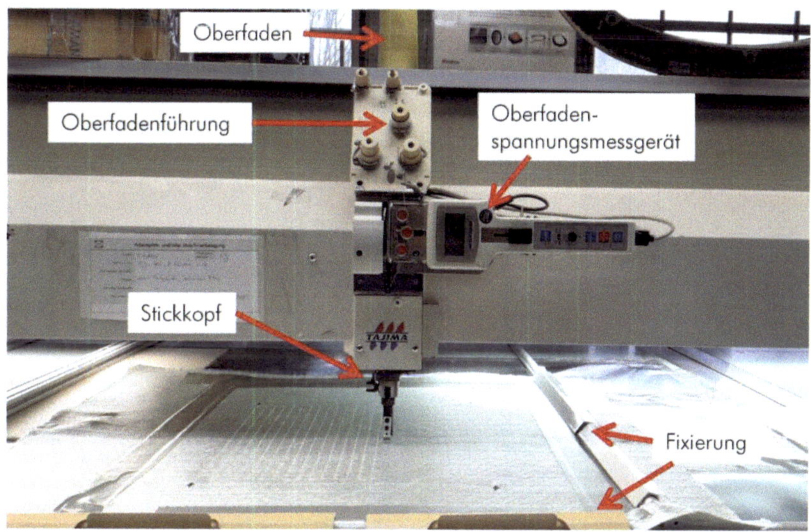


Abbildung 3-5: Zusammennähen eines Faser-Metall-Halbzeugs mit außenliegenden Glasfasergelegen (Lagenaufbau 2)

Während des Nähvorgangs durchsticht die Nadel den Lagenstapel und hinterlässt Perforationen in der Metallschicht. Diese Perforation ermöglicht die Imprägnierung im nachfolgenden Infusionsprozess, wie beschrieben. Da die Perforation während des Textilprozesses direkt in die Verbindung der Schichten integriert ist, ist bei diesem Verfahren jedoch kein Perforationsschritt vor dem Aufbau des Layups erforderlich.

Das Perforieren des Metalls mithilfe der Nadel führt jedoch zu einer Perforation mit scharfen Kanten und einer Verformung des Metalls. Besteht die untere Lage des zu vernähenden Preforms wie bei Lagenaufbau 1 aus einer Metallfolie, wird während des Nähes der Nähtisch der verwendeten Stickmaschine stark zerkratzt und muss durch eine geeignete Beschichtung geschützt werden. Zudem kann das verwendetet Nähgarn wie bereits beschrieben durch die scharfen Kanten der Perforationen beschädigt werden. Daher musste das verwendete Garn reiß- und abriebfest sein. Das Garn, das diese Anforderungen nachweislich erfüllt, ist das Garn K-tech 75 der Amann & Söhne GmbH & Co. KG (siehe oben).

Zum Vernähen der Performs wurden, dem in Tabelle 3-6 aufgestellten Versuchsplan entsprechend, Nadeln mit einen Durchmesser von 0,7 mm, 0,9 mm und 1,1 mm verwendet und Stichbilder mit einem Stichabstand von 5,0 mm, 12,5 mm und 20,0 mm erzeugt.

Nadeln mit kleinem Durchmesser wirken schärfer als Nadeln mit größerem Durchmesser, sie sind jedoch auch bruchanfälliger. Zudem wird das Nähgarn stärker an den entstehenden scharfen Kanten des Metalls entlanggerieben, wenn die durch den Nadeleinstich entstandene Perforation einen geringen Durchmesser aufweist. Das verwendete Nähgarn K-tech 75 ist im Vergleich zu anderen Garnen verhältnismäßig dick. Daher wird vom Hersteller der Einsatz von Nadeln mit einem Durchmesser von 1,0 mm bis 1,2 mm empfohlen [55].

Daher war zu beobachten, dass das Vernähen der Faser-Metall-Halbzeuge mit einer Nadel mit großem Durchmesser deutlich einfacher möglich war als mit einer Nadel mit kleinerem Durchmesser. Beim Einsatz der Nadeln mit geringem Durchmesser wurden deutlich häufiger Fadenbrüche, aber auch Nadelbrüche, verzeichnet als dies beim Einsatz von Nadeln mit größerem Durchmesser der Fall war. Die entstehenden Kanten an den Einstichen waren beim Einsatz von Nadeln mit größerem Durchmesser jedoch ebenfalls deutlich stärker ausgeprägt als dies beim Einsatz von Nadeln mit kleinerem Durchmesser der Fall war.

In Abbildung 3-6 und Abbildung 3-7 sind zwei Beispiele des vernähten Halbzeugs mit Lagenaufbau 1 abgebildet. An der Unterseite der vernähten Halbzeuge sind die scharfen Kanten der Perforationen zu sehen.

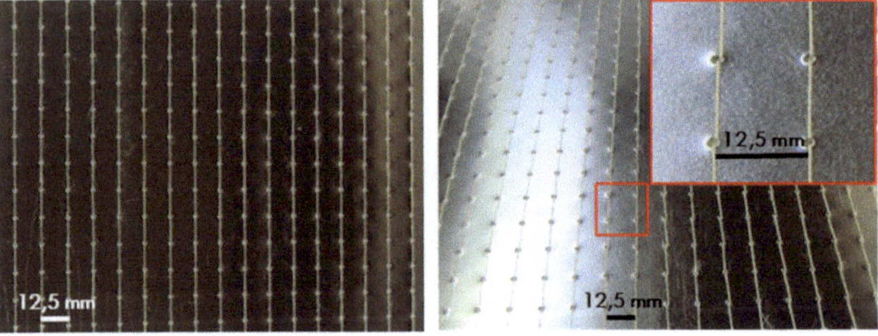


Abbildung 3-6: Nahtbild eines vernähten hybriden Lagenaufbaus, der mit einem Stichabstand von 12,5 mm und einem Nadeldurchmesser von 0,9 mm vernäht wurde (A125090), rechts:. Oberseite, links: Unterseite

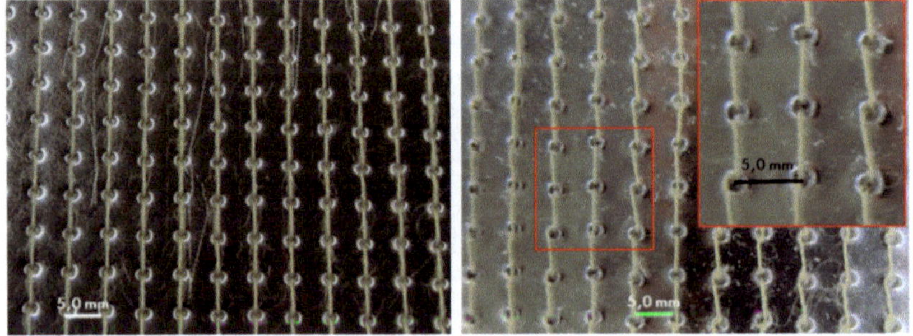


Abbildung 3-7: Nahtbild eines vernähten hybriden Lagenaufbaus, der mit einem Stichabstand von 5,0 mm und einem Nadeldurchmesser von 1,1 mm vernäht wurde (A050110), rechts: Oberseite, links: Unterseite

Die Verschiebung der Fasern in den textilen Lagen ist anhand von Preforms mit dem Lagenaufbau 2 zu erkennen. Diese Verschiebung der Fasern und die entstehenden Gaps an den Einstichstellen sind ebenfalls etwas größer, wenn Nadeln mit großem Durchmesser verwendet werden. Dieser Effekt kann dadurch erklärt werden, dass die Verformung des darüber liegenden Metalls nach dem Vernähen bestehen bleibt. Die aufgespreizten Kanten des Metalls dringen in das Textil ein und drücken die Fasern auseinander. An der Oberseite der Preforms mit Lagenaufbau 2 sind kaum Faserverschiebungen zu erkennen. Die Fasern werden zwar beim Eindringen der Nadel in das Material auseinandergedrängt, gleiten jedoch nach dem Herausziehen der Nadel wieder zurück. Lediglich das im Vergleich zum Nadeldurchmesser dünne Nähgarn verbleibt als mögliche Störstelle des Faserverlaufs im Material. In der Abbildung 3-8 ist die Faserverschiebung an den Einstichstellen an der Unterseite eines Preforms mit dem Lagenaufbau 2 zu erkennen.

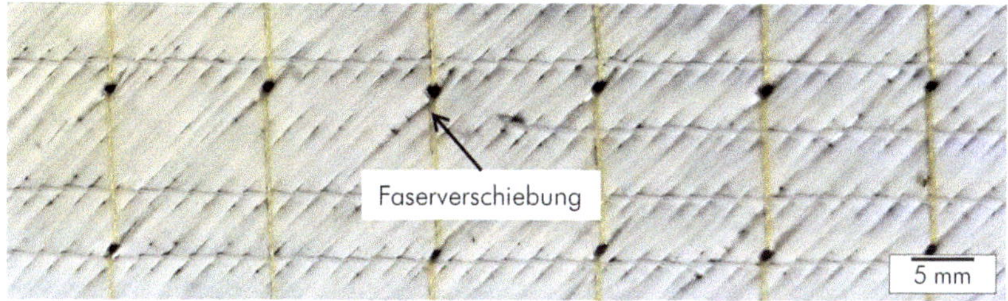


Abbildung 3-8: Faserverschiebung auf der Unterseite der Preform mit Lagenaufbau 2, die mit einem Stichabstand von 12,5 mm und einem Nadeldurchmesser von 0,9 mm vernäht wurde (B125090)

Eine Herausforderung beim Vernähen der Faser-Metall-Halbzeuge stellte die Erzeugung eines gleichmäßigen Nahtbildes dar.

Es traten wiederholt Fehlstiche, Fadenbrüche, Nadelbrüche und Fadenanhäufungen auf der Unterseite der Preform auf.

Fehlstiche beziehungsweise Stichauslassungen entstanden vor allem bei Richtungswechseln im Stichmuster sowie bei großen Stichabständen. Durch die starke Panthografenbewegung wird an diesen Stellen die Oberfadenschlaufe wieder aus dem Nähgut herausgezogen, bevor die Verschlaufung mit dem Unterfaden erreicht werden konnte. Die Nadel wurde beim Durchdringen und Verformen von zwei Lagen der gewählten Stahlfolie stark belastet und brach.

Das Nähgarn wurde vor allem durch die Reibung an den Kanten der Perforationen im Metall stak beansprucht, wodurch Beschädigungen am Nähgarn und teilweise Fadenbrüche verursacht wurden. Die Anzahl der Fadenbrüche war bei Verwendung der Nadel mit 0,7 mm Durchmesser deutlich größer als bei Verwendung der größeren Nadeln. Vor allem die Nadel mit einem Durchmesser von 1,1 mm liegt im Rahmen der Empfehlungen des Garnherstellers für die Nadelstärke. Bei Verwendung von Nadeln mit kleinerem Durchmesser werden Perforationen mit kleinerem Durchmesser erzeugt. Dadurch wird die Reibung des Garns an den scharfen Kanten verstärkt und das Garn stärker beschädigt.

Zudem wurde beobachtet, dass die Metallfolie während der Aufwärtsbewegung der Nadel nach oben gezogen wird. Dieser Effekt wurde darauf zurückgeführt, dass das Metall beim Einstechen der Nadel schlagartig belastet und an der perforierten Stelle verdrängt wird. Der elastische Anteil der Verformung ist reversibel, sodass die Perforation leicht an Durchmesser verliert und die Kanten enger an die Nadel gedrückt werden (Spring back). Aufgrund der Reibung zwischen der Nadel und den Kanten der Perforation entsteht eine Art Pressverbildung und die Metallfolie wird an der Nadel nach oben gezogen. Möglicherweise ist auch die einfache Reibung zwischen Nadel und Metallfolie selbst ausschlaggebend für die entstehende Verbindung. Durch die anhaftende Metallfolie kann die Nadel abgelenkt werden und entweder direkt brechen oder beim nachfolgenden Einstich auf der Stichplatte auftreffen. Um zu verhindern, dass der Preform mit der Nadel nach oben gezogen wird, wurde ein Stoffdrücker verwendet und der Preform zusätzlich mit einem Gewicht beschwert, wie in Abbildung 3-9 zu sehen.

Abbildung 3-9: Links: Nähfuß mit Stoffdrücker zur Stabilisierung eines Faser-Metall-Halbzeugs. Rechts: Winkel als zusätzliches Gewicht, um die Preform beim Vernähen zusammenzudrücken

Durch dieses Zusammendrücken konnte die Anzahl der Fehlstiche erkennbar reduziert werden. Das Material, das aufgrund der hohen Reibung an der Nadel anhaften kann, wird durch das Niederdrücken mithilfe des Stoffdrückers und des zusätzlichen Gewichts in Richtung des Nähtisches gedrückt und dadurch von der Nadel abgestreift. Dadurch kann der Greifer die Schlaufe erfassen und eine Verschlaufung von Unter- und Oberfaden wird ermöglicht und die Stichbildung optimiert.

Fehlstiche traten jedoch weiterhin vereinzelt auf, vor allem bei Richtungswechseln im Stichmuster, die Anzahl konnte jedoch durch die beschriebene Maßnahme deutlich reduziert werden.

Teilweise wurde der Oberfaden aufgrund der hohen Reibung der zwischen dem Nähgarn und den Kanten der Perforation in der Stahlfolie nicht ausreichend nach oben gezogen. Die beim Nadeleinstich aus dem Oberfaden gebildeten Schlaufen wurden dadurch nach dem Verschlingen mit dem Unterfaden nicht zu einem Knoten zusammengezogen. In diesem Fall kann die gleichmäßige Verbindung der Lagen nicht garantiert werden. Außerdem verblieben die Schlaufen lose auf der Unterseite des Nähguts, wie links in Abbildung 3-10 zu sehen. In einigen Fällen konnte keine Verschlingung der Oberfadenschlaufe mit dem Unterfaden gebildet werden, da die Oberfadenschlaufe nicht ausreichend nach oben gezogen wurde. Die Oberfadenschlaufe wurde dadurch um die Spulenkapsel gewickelt, wie rechts in Abbildung 3-10 zu sehen, was die Gefahr von Schäden, vor allem am Greifer, erhöht. Durch Erhöhen der Oberfadenspannung konnte die Verschlingung von Ober- und Unterfaden optimiert und dadurch die Bildung loser Schlaufen verhindert und das Stichbild verbessert werden. Durch eine hohe Oberfadenspannung wird jedoch auch eine Zugbelastung durch den sehr zugfesten Faden auf die Nadel aufgebracht. Diese kann dadurch gebogen oder abgelenkt werden und kollidierte im Rahmen der Versuche teilweise mit der Stichplatte, was zu Nadelbrüchen führte. Zudem besteht beim Aufprall der Nadel auf die harte Stichplatte die Gefahr, dass weitere Teile der Maschine, wie beispielsweise die Nadelstange, beschädigt werden.

Abbildung 3-10: Schlaufenbildung des Oberfadens auf der Unterseite des Laminats (links) und um Spulenkapsel (rechts)

Als problematisch hat sich in diesem Zusammenhang auch die hohe Rissbeständigkeit des gewählten Nähgarns herausgestellt. Aufgrund dieser wurde verhindert, dass das Nähgarn im Falle eines Verhakens, beispielsweise am Greifer oder der Spulenkapsel, brechen konnte. Dadurch konnten Maschinenteile wie der Greifer, die Spulenkapsel, die Nadel und die Nadelstange einer hohen Belastung ausgesetzt und beschädigt werden.

Im Rahmen der Fertigung von Couponbauteilen wurde die Maschine permanent überwacht und konnte bei Anzeichen von derartigen Fehlern direkt gestoppt werden, um die Entstehung von Maschinenschäden zu verhindern. In Hinblick auf eine Fertigung großflächiger Halbzeuge im industriellen Maßstab ist das Verfahren zu optimieren, sodass die Fertigung kontinuierlich fehlerfrei laufen kann.

Die für die weiteren Untersuchungen notwendigen Faser-Metall-Halbzeuge aus Glasfasergelege und Stahlfolie konnten mit dem gewählten Verfahren hergestellt werden. Durch den Einsatz des reißfesten Aramid-Nähgarns konnte die Anzahl der Fadenbrüche geringgehalten werden. Weitere Herausforderungen konnten durch die beschriebenen Optimierungsschritte umgangen werden. Dennoch war zu erkennen, dass Verfahren des direkten Vernähens der hybriden Halbzeuge fehleranfällig und lediglich für beschränkte

Materialdicken beziehungsweise eine beschränkte Lagenanzahl zu verwenden ist. Mit allen Nadeln mit den gewählten Durchmessern konnten Laminat-Halbzeuge vernäht und Perforationen zur Durchtränkung im nachfolgenden Infusionsschritt in die Metallfolie eingebracht werden. Es war jedoch zu erkennen, dass das Nähen mit einer an das Nähgarn und den Prozess angepassten dickeren Nadel deutlich einfacher möglich ist und deutlich weniger Fehlstiche, Nadelbrüche, Fadenbrüche und Fadenansammlungen an der Unterseite des Laminats auftraten als bei Verwendung von Nadeln mit geringerem Durchmesser. Es war zudem zu erkennen, dass das eine geringe Anzahl von Fehlstichen auftritt, wenn die Stichabstände geringgehalten werden. Bei korrekter Einstellung der Nähparameter, insbesondere der Fadenspannung, war es möglich, gleichmäßige Stichbilder zu erzeugen.

### Vernähen der Halbzeuge aus Glasfasergelege und Folie aus Aluminiumlegierung

Zusätzlich zu der Versuchsreihe zur Herstellung von FML aus Glasfasergelegen und Stahlfolie wurden FML aus Glasfasergelegen und einer Aluminiumlegierung hergestellt, um das Leichtbaupotential der zu entwickelnden Materialien zu erhöhen und eine Vergleichbarkeit mit kommerziell erhältlichen FML-Werkstoffen anzustreben. Zu diesem Zweck wurde zunächst eine geeignete Aluminiumlegierung gewählt.

Erste Versuche zum Vernähen der Legierung EN AW-1050A (Hersteller: ALUJET GmbH) zeigten, dass dieses Material nicht geeignet ist. Es wurden, wie in Abschnitt 3.1.2 beschrieben, jeweils drei Lagen des textilen Halbzeugs mit zwei Lagen der Metallfolie vernäht. Es wurden Folien mit einer Dicke von 0,1 mm, 0,2 mm und 0,3 mm verwendet. Die Folien wurden an den Einstichstellen der Nadel stark deformiert, sodass keine glatte Oberfläche erhalten blieb. Teilweise wurde das Metall auch eingerissen. Dennoch brach die Nadel bei Verwendung von zwei Lagen der Folie mit einer Dicke von 0,3 mm ab.

Um eine ausreichende Festigkeit der herzustellenden FML zu gewährleisten, wurde die zur Herstellung des kommerziell eingesetzten FML GLARE verwendete Legierung Al EN AW-2024 mit einer Dicke von 0,4 mm für die weiteren Versuche verwendet.

Da im Rahmen einer Neubeschaffung die am Institut zur Verfügung stehende Anlage ausgetauscht wurde, wurden die Versuche zur Verarbeitung der Folien aus der in Abschnitt 3.1.2 beschriebenen Aluminiumlegierung EN AW-2024 an einer industriellen Stickmaschine vom Hersteller ZSK, Modell JGW 0200-550 (700) D SKW, Baujahr 4-2018 durchgeführt.

Zunächst wurden Vorversuche zur Perforation der Folie ohne Nähgarn durchgeführt. Dazu wurde eine einzelne Lage des Textils und eine darüber liegende Folie aus der genannten Aluminiumlegierung in der Stickmaschine mit einer Nadel perforiert. Es wurden verschiedene Nadelstärken verwendet. Dabei zeigte sich, dass das Vernähen bzw. Perforieren der Folien aus der gewählten Aluminiumlegierung mit deutlich größeren Herausforderungen verbunden ist als das der zuvor verwendeten Stahlfolie. Teilweise brach die Nadel bereits nach wenigen Stichen und musste getauscht werden. Zudem waren starke Deformationen an den Metallfolien zu erkennen. Beim Zurückziehen der Nadel nach dem Einstich blieb die Metallfolie an der Nadel hängen und wurde nach oben gezogen, während sich der Stickrahmen gleichzeitig zur Position des nächsten Einstichs bewegte.

Dadurch die wurde die im Nähgut steckende Nadel gebogen und brach oder sie wurde beim nächsten Einstich auf die Stichplatte gelenkt, sodass sie dort aufschlug, was eine Beschädigung der Anlage zur Folge hatte. In Abbildung 3-11 ist zu sehen, wie das Nähgut an der Nadel nach oben gezogen wird. Die Aufnahme zeigt das Verhalten des Materials im Nähprozess, wenn kein Stoffdrücker verwendet wird. Das Nähgut wurde dabei mit einem Stahlwinkel beschwert.

Abbildung 3-11: Perforation ohne Stoffdrücker

In Abbildung 3-12 und Abbildung 3-13 sind mögliche Schadensbilder bei diesem Vorgang zu erkennen, welche das Abbrechen der Nadel beziehungsweise eine aus der Nadelhalterung der Nadelhalterung herausgezogene Nadel bildlich beschreiben.

Abbildung 3-12: Abgebrochene Nadel im Nähgut

Abbildung 3-13: Nadel aus Nadelstange herausgezogen

In der Abbildung 3-14 ist die Perforation unter Verwendung eines Stoffdrückers zu sehen. Durch Verwendung des Stoffdrückers konnte das Nach-Oben-Ziehen des Nähguts durch die Nadel deutlich reduziert, jedoch nicht vollständig beseitigt werden. Deutlich zu erkennen ist zudem eine starke Deformation des Materials, die teilweise durch die Perforation selbst, teilweise durch das starke Aufdrücken des Stoffdrückers erzeugt wurde.

Abbildung 3-14: Perforation einer Folie aus Al EN AW-2024, Dicke 0,4 mm, mit Stoffdrücker

Auch bei Verwendung des Stoffdrückers kam es zu häufigen Nadelbrüchen. Zudem traten einige Maschinenschäden auf. Dabei wurde die sogenannte Klinke, die die Aufwärtsbewegung der Nadelstange herbeiführt, mehrfach beschädigt, sodass ein Austausch notwendig wurde. Diese Beschädigung entsteht dann, wenn die abgelenkte Nadel auf der Stichplatte oder dem Greifer auftrifft. Die Kraft des Aufpralls wird über die Nadel und die Nadelstange in das Bauteil der Maschine weitergeleitet, das das schwächste Glied darstellt.

Das Perforieren der gewählten Folien im Rahmen des Vernähens konnte daher nicht mithilfe der Nähnadel mit der Stickmaschine realisiert werden. Daher wurden die Folien wie in Abschnitt 3.1.2 beschrieben vor dem Vernähen perforiert. Es wurde ein Perforationsdurchmesser von 2,0 mm gewählt, um zu gewährleisten, dass eine ausreichend genaue Positionierung ermöglicht und dadurch Schäden an der Maschine sowie Fehler im Material durch fehlerhaft positionierte Stiche, bei denen die Nadel auf das Metall trifft, vermieden werden konnten.

Eine Herausforderung beim Vernähen der vorperforierten Metallfolien stellt die Positionierung der Materialien in der Stickmaschine dar. Um diese zu gewährleisten, wurde eine Vorrichtung hergestellt, die an den Stickrahmen der TFP-Stickmaschine geschraubt werden kann. Die Vorrichtung und ihre Montage im Stickrahmen sind in Abbildung 3-15 zu sehen. Auf der Vorrichtung sind vier Pins angebracht, auf denen ein Glasfasergelege und die perforierte Metallfolie positioniert wurden. Die Größe des Gelege-Zuschnitts wurde dabei so gewählt, dass dieses an allen Seiten am Stickrahmen befestigt werden konnten.

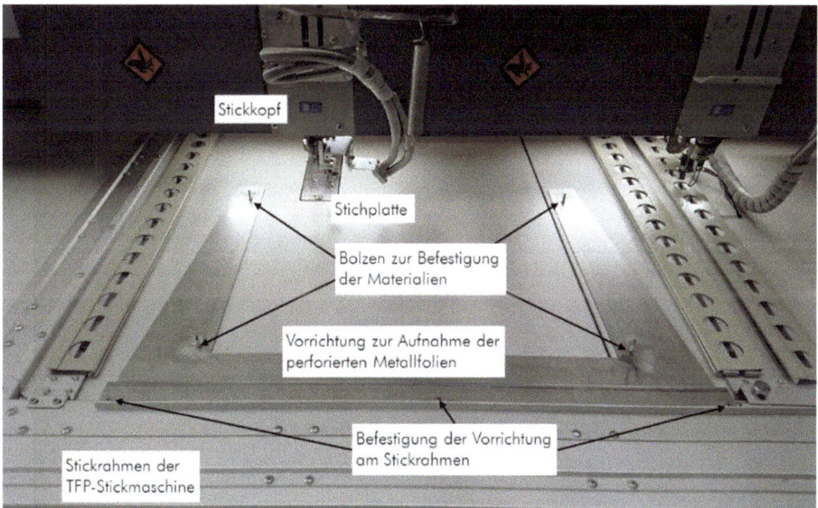


Abbildung 3-15: Vorrichtung zur Aufnahme der Halbzeuge im TFP-Stickrahmen

Um die Gefahr von fehlerhafter Positionierung des Metalls und daraus resultierenden Maschinenschädigungen zu minimieren, wurde jeweils lediglich eine Lage des Glasfasergeleges mit einer Lage Metallfolie vernäht. Der Lagenaufbau zu einem FML-Halbzeug wurde daher erst im Rahmen des Lagenaufbaus im Infusionsprozess durchgeführt. Die Lage der Naht in diesen Halbzeugen ist in Abbildung 3-16 zu skizziert.

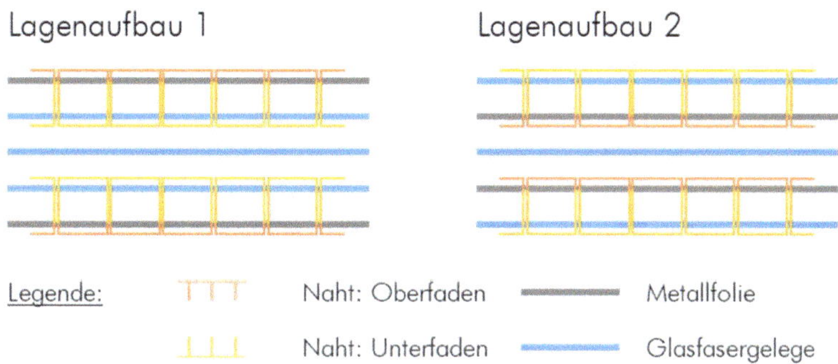


Abbildung 3-16: Lagenaufbau aus vernähten Einzellagen

Das Versuchsprogramm wurde im Vergleich zu dem Versuchsplan, der zur Herstellung der FML aus Glasfasergelegen und Stahlfolie erstellt worden war, noch einmal reduziert, um den Aufwand und Materialeinsatz zu reduzieren. Der Perforationsdurchmesser wurde nicht variiert. Um die Beeinflussung der Materialeigenschaften durch die Anzahl der Perforationen und Nahtpunkte vergleichen zu können, wurden Laminate mit Stichabständen von 7,5 mm, 12,5 mm und 17,5 mm hergestellt. Zudem wurden - aus Glasfaserlagen ohne Metallfolie und aus Glasfaserlagen und mit einem Abstand von 12,5 mm perforierten Metallfolien - Laminate ohne Naht und solche, die mit einem Stichabstand von

12,5 mm vernäht wurden, hergestellt. Um den Einfluss des Lagenaufbaus der Laminate zu vergleichen, wurden Laminate mit unterschiedlichem Lagenaufbau bei einem Perforationsabstand von 12,5 mm hergestellt.

Insgesamt wurden im Rahmen der Arbeiten mit dem gewählten Versuchsplan acht Varianten von Faser-Metall-Halbzeugen hergestellt. Um die Lesbarkeit zu erhöhen, werden die Varianten der Laminate im Folgenden nach ihrer Parameterauswahl bezeichnet. Der erste Buchstabe gibt den Lagenaufbau an. A steht für Lagenaufbau 1, B für Lagenaufbau 2 und X für GFK-Platten ohne Metallfolie. Die folgenden drei Ziffern geben den Perforationsabstand (in 1/10 mm) an und die letzten drei Ziffern den Stichabstand (in 1/100 mm). Sind keine Perforationen oder keine Naht vorhanden, werden die jeweiligen drei Ziffern durch „000" ersetzt.

Tabelle 3-9: Versuchsplan zur Herstellung von FML-Prüfkörpern aus Glasfasergelegen und vorperforierter Metallfolie der Legierung Al EN AW-2024

| Bezeichnung | | Perforationsabstand Metallfolie in mm | Stichab-stand der Naht in mm | Lagenaufbau |
|---|---|---|---|---|
| A075075 | Vernäht | 7,5 | 7,5 | Lagenaufbau 1 |
| A125125 | Vernäht | 12,5 | 12,5 | Lagenaufbau 1 |
| A125000 | Nicht vernäht | 12,5 | | Lagenaufbau 1 |
| A175175 | Vernäht | 17,5 | 17,5 | Lagenaufbau 1 |
| B125125 | Vernäht | 12,5 | 12,5 | Lagenaufbau 2 |
| B125000 | Nicht vernäht | 12,5 | | Lagenaufbau 2 |
| X000125 | Vernäht | - | 12,5 | GFK |
| X000000 | Nicht vernäht | - | - | GFK |

Das Stichmuster enthielt jeweils zwei konstruktiv integrierte Referenzpunkte, die dazu genutzt werden konnten, die Anfangsposition des Stickrahmens mit dem eingespannten Halbzeug festzulegen. Der Stickprozess wurde zudem permanent beobachtet und kontrolliert, um bei Abweichungen der Stichposition, wie dem außermittigen Einstechen der Nadel in der Perforation, die Position des Stickrahmens mithilfe der Feinjustierung anpassen zu können. Diese Nachjustierung wurde beispielsweise dann notwendig, wenn bereits einige Stichreihen vernäht waren. Durch das Festziehen des verschlauften Nähgarns im Nähgut wurden die Metallfolie und das Textil aneinander gezogen und zu einem ebenen Halbzeug verbunden. Dadurch wurde teilweise ein leichtes Verschieben der Position der Perforierungen in Bezug auf den Stickrahmen bewirkt, sodass eine Korrektur der Position des Rahmens notwendig wurde.

Um die Stichbildung zu optimieren und die Belastung der Nadel sowie Kratzer auf dem Metall zu vermeiden, wurde der Panthographenstartwinkel der Maschine erhöht. Wie in einem Vorversuch zur Positionierung mit Papier in Abbildung 3-17 zu sehen, zerkratzt die Nadel das Nähgut bei Einstellung des Panthographenstartwinkels auf den Standardwert. Würde die Nadel derartig auf der Metallfolie auftreffen, würde zum einen die Metallfolie beschädigt werden. Zum anderen würde die Nadel umgebogen und dadurch belastet werden und zudem durch das Entlangschleifen auf dem Metall schneller abstumpfen. Diese Problematik entsteht dadurch, dass der Rahmen bewegt wird, bevor die Nadel vollständig aus dem Nähgut herausgezogen wurde. Dies sollte bei einem dickeren

Nähgut erst dann erfolgen, wenn die Antriebswelle weitergedreht und dadurch die Nadel weiter angehoben wurde. Bei Einstellung des Panthographenstartwinkels auf einen Wert oberhalb des Standardwertes konnte das Kratzen auf dem Nähgut daher vermieden werden, wie Abbildung 3-18 zu sehen.

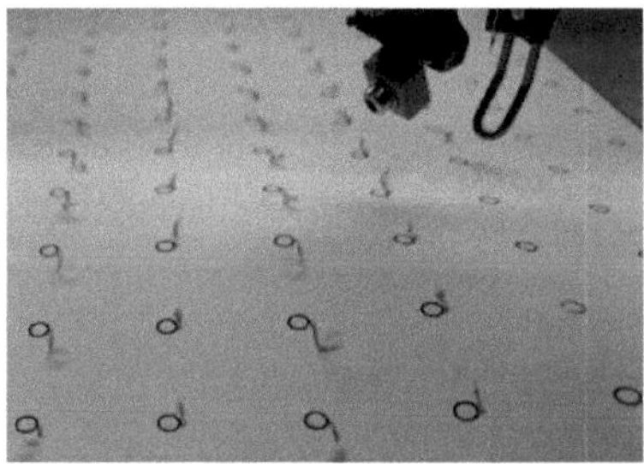

Abbildung 3-17: Perforations- und Positionierungsversuch auf Papier, deutliche Kratzer

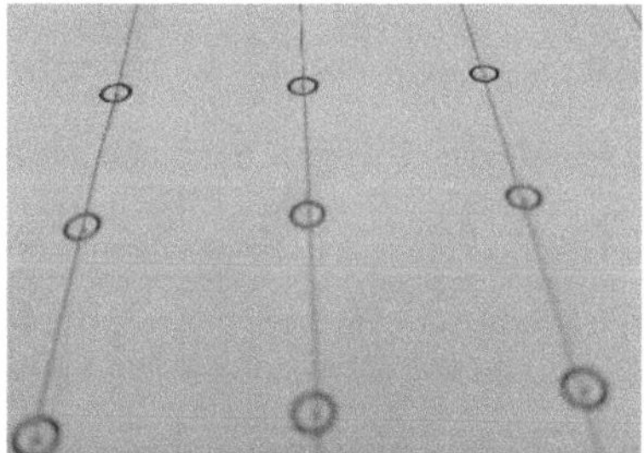

Abbildung 3-18: Perforations- und Positionierungsversuch auf Papier, gutes Nahtbild

Durch diese Herangehensweise konnten Laminate mit allen gewählten Stichmustern vernäht werden.

Um die exakte Positionierung im Serieneinsatz zu gewährleisten, würde die manuelle Überwachung und Optimierung nicht geeignet sein. Daher würden sich automatisierte Systeme anbieten, die bereits in der Massenfertigung eingesetzt werden. So werden zum Beispiel Teile für Ledersitze im Automobil automatisiert vernäht und bestickt. Dabei wird ein optisches Messsystem sowie eine automatisierte Regelungstechnik eingesetzt, das die exakte Positionierung der Stiche in Bezug auf Schnittkanten und Perforierungen im Material zu gewährleisten. Ein System wie von ZSK beschrieben, ließe sich möglicherweise auf die Anforderungen anpassen. Eine weitere Möglichkeit, die exakte Positionierung von Perforation und Naht zueinander zu gewährleisten, bestünde darin, die Perforation und die Nahtbildung auf derselben Maschine durchzuführen, indem zunächst die Perforation mithilfe eines Bohrers oder Dorns, der anstelle der Nadel eingesetzt wird, in das Material einzubringen und ohne Änderung der Einspannung nach einem Wechsel auf eine Nadel das Vernähen umzusetzen.

Zum Vernähen der Halbzeuge aus Glasfasergelege und Stahlfolien wurde das Garn K-tech 75 der Amann & Söhne GmbH & Co. KG als Nähgarn verwendet. Wie beschrieben, wurde dabei festgestellt, dass es zu Verschlingungen des Oberfadens am Greifer kommen kann. Da das Garn K-tech 75 in einem solchen Fall nicht reißt, kann es zu Beschädigungen an der Maschine kommen, wenn die Maschine nicht gestoppt wird. Um dies zu vermeiden, wurde zum Vernähen der Halbzeuge aus Glasfasergelegen und Folien aus Aluminiumlegierung ein anderes Garn gewählt. Das Garn Serafil 60 der Amann & Söhne GmbH & Co. KG war ebenfalls als geeignetes Garn zum Vernähen von Metallfolien ermittelt worden. Zudem wurde angenommen, dass die Belastung des Nähgarns durch Reibung an den Kanten der Perforationen beim Vernähen von vorperforierten Metallfolien deutlich geringer sein würde als beim direkten Vernähen. Kommt es zu einer Verschlingung des Oberfadens im Greifer, reißt das Garn Serafil 60 und eine Maschinenschädigung wird vermieden. Die erwartete Verstärkung der gefertigten FML in z-Richtung ist bei Verwendung des Garns Serafil 60 geringer als bei Verwendung des Garns K-tech 75.

Dies wurde jedoch in Kauf genommen, um die Anlagen- und Prozesssicherheit zu gewährleisten. Das Garn Serafil 60 weist eine Feinheit von ca. 162 * 3 dtex, eine Höchstzugkraft von ca. 3040 cN und eine Höchstzugkraftdehnung von ca. 18 % auf [56].

Vonseiten des Herstellers wird die Verarbeitung des Garns mit einer Nadelstärke von 80-110 empfohlen [56]. Daher wurden zum Vernähen der Laminathalbzeuge mit diesem Garn Nadeln vom Typ DBxK5 90/14 Nm.

Zudem wurde die Stickmaschine mit einem speziellen Greifer für die Verarbeitung von dicken Garnen ausgestattet. Bei diesem Greifer und den entsprechenden Spulenkapseln sind die Spalte, durch die das Garn im Nähprozess geführt wird, breiter als in Standardgreifern.

Es war zu beobachten, dass Fadenbrüche vor allem an den Punkten von Richtungswechseln auftraten. Zudem wurden bei größerem Stichabstand deutlich mehr Fadenbrüche festgestellt, als bei kleinerem Stichabstand. Diese Beobachtung deckt sich wie beschrieben mit den bei der Verarbeitung der Stahlfolie gemachten Beobachtung. In beiden Fällen können die Fadenbrüche durch eine hohe auf das Nähgarn wirkende Spannung sowie die Reibung an den Rändern der Perforation erklärt werden, da sich die auf den Oberfaden wirkende Zugkraft bei Richtungswechseln und großen Stichabständen erhöht und der Faden dadurch stärker an den Rändern der Perforationen im Metall gerieben wird.

An den Stellen des Richtungswechsels konnten Fadenbrüche vermieden werden, indem die Fadenspannung des Oberfadens kurz vor dem Richtungswechsel manuell reduziert wurde. Dies führte jedoch dazu, dass an diesen Stellen die aus dem Oberfaden gebildete Schlaufe auf die Laminatunterseite gezogen wurde und die Verschlaufung dadurch nicht im Laminat, sondern auf der Unterseite zu finden war, wie in Abbildung 3-19 und Abbildung 3-20 zu sehen ist. In den Abbildungen sind neben dem Verzug der Naht an den Stellen des Richtungswechsels auch die Enden von gebrochenen Nähgarnen zu erkennen.

Abbildung 3-19: Stichbild bei Richtungswechsel, Stichabstand 7,5 mm

Abbildung 3-20: Stichbild bei Richtungswechsel, Stichabstand 17,5 mm

Dies zeigt, dass das gewählte Stichmuster nicht ideal mit einer kontinuierlichen Fadenspannung gestickt werden kann.

Die perforierten Folien aus der Aluminiumlegierung EN AW-2024 wurden jeweils auf das Textil aufgeklebt und anschließend der gesamte Aufbau in die Vorrichtung in der Stickmaschine gelegt. Von den Halbzeugen wurden jeweils vor und nach dem Vernähen Aufnahmen angefertigt, um den Einfluss des Nähens auf die textile Struktur anschließend analysieren zu können. Dabei ist zu sehen, dass die Fasern an den Nahtpunkten auseinandergedrückt werden, wenn die Naht quer zur Faserrichtung verläuft, wie in Abbildung 3-21 zu sehen. Bei geringerem Stichabstand wird eine höhere Anzahl an Nahtpunkten und damit auch eine größere Anzahl Faserverschiebungen pro Fläche erzeugt. Die Abstände zwischen den verschobenen Faserbündeln gehen dann teilweise ineinander über und bilden eine durchgehende Linie, wie im Vergleich mit Abbildung 3-19 zu erkennen. Die Verschiebungen der Fasern am Nahteinstichpunkt und die erkennbare Störung der Textilstruktur ist jedoch deutlich weniger stark ausgeprägt als bei den direkt vernähten Halbzeugen (vgl. Abbildung 3-8, Seite 35), da keine Deformationen an den Perforationskanten auftreten und in das Textil eindringen. Verläuft die Naht längs bzw. parallel zur Faserrichtung des textilen Halbzeugs, ist eine derartige Faserverschiebung an den Nahtpunkten nicht zu sehen.

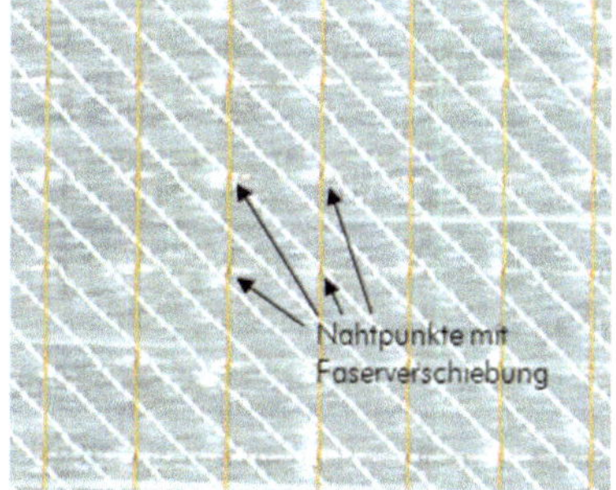


Abbildung 3-21: Nahtpunkte im Textil, Naht quer zur Faserrichtung, Stichabstand: 12,5 mm

Abbildung 3-22: Abbildung 3 21: Nahtpunkte im Textil, Naht längs zur Faserrichtung, Stichabstand: 12,5 mm

Im Anschluss an das Vernähen von jeweils einer metallischen und einer textilen Lage. wurden die hergestellten Halbzeuge teilweise zu Lagenaufbauten aus drei Lagen Textil und zwei Lagen Metallfolie zusammengefügt und zu Couponplatten für die Herstellung von Prüfkörpern weiterverarbeitet oder für Versuche zum Drapierverhalten der hybriden Halbzeuge verwendet.

## Zusammenfassung der Arbeiten und Erkenntnisse zur Verarbeitung der Materialien im textilen Prozess

Es konnte gezeigt werden, dass die Herstellung von hybriden Halbzeugen für die Weiterverarbeitung zu FML im Infusionsprozess in einem textilen Prozessschritt möglich ist.

Die Art der Verarbeitung der textilen und metallischen Lagen wurde dabei in Abhängigkeit der gewählten Werkstoffe gewählt und die Verarbeitbarkeit der metallischen Lagen untersucht.

Das direkte Vernähen von mehrlagigen Aufbauten aus Glasfaserlagen und Metallfolien war lediglich dann möglich, wenn als metallische Lagen Stahlfolien mit einer Dicke von 0,1 mm verwendet wurden, die von der Nadel durchstochen werden konnten. Auch dabei wurde eine hohe Belastung der Nadel sowie der Stickanlage festgestellt. Zudem wurde die Metallfolie an den Einstichstellen der Nadel stark verformt. Auf der Oberseite bildete sich eine leichte Absenkung, an der Unterseite wurden scharfe Kanten erzeugt, die eine ungleichmäßige Oberfläche bilden.

Metallfolien aus der Aluminiumlegierung EN AW-2024 wurden mittels Wasserstrahlschneiden vorperforiert, um das Vernähen zu ermöglichen. Zudem wurden die Preforms in mehrere Subpreforms aufgeteilt, um die Risiken beim Vernähen der Halbzeuge zu minimieren. Dazu wurde jeweils nur eine Lage Metallfolie mit einer Lage Glasfasergelege vernäht.

Es hat sich gezeigt, dass die Wahl des Stichbildes nicht ideal in Bezug auf die Verarbeitung auf der Stickanlage ist. Während das Vernähen der Laminate mit kleinem Stichabstand problemlos verlief, wurde das Nähgarn beim Nähen mit großem Stichabstand durch auftretende Zugbelastung und Reibung an den Perforationsrändern im Metall stark belastet. In Bezug auf die Verarbeitungseigenschaften im textilen Prozessschritt sind dementsprechend kleinere Stichabstände als vorteilhaft anzusehen. Zudem wurden im Bereich der Richtungswechsel Fehlstiche und Fadenbrüche beobachtet. Die im Rahmen der Untersuchungen der Verarbeitungseigenschaften in den nachfolgenden Prozessschritten und der Laminateigenschaften benötigten Halbzeuge in Coupongröße konnten jedoch mit dem gewählten Verfahren vernäht werden. Eine Möglichkeit zur Optimierung des Stickbildes wäre es, die Stichabstände in den Bereichen des Richtungswechsels zu verkleinern. Bei einer Vorperforierung der Metallfolien ist dies jedoch lediglich in begrenztem Rahmen möglich. Bei einer Verarbeitung von Endlosware im Rahmen einer industriellen Serienfertigung ist jedoch davon auszugehen, dass keine Richtungswechsel auftreten, sodass dieser Problematik eine geringere Bedeutung zugesprochen wurde. Lediglich die Stichabstände in Nahtrichtung sind aufgrund der auftretenden Belastung des Nähfadens begrenzt. Auch die hohe Anzahl manueller Fertigungsschritte sowie die Notwendigkeit der permanenten Überwachung durch eine Person können in einem optimierten Serienprozess reduziert werden.

### 3.2.3 Drapiereigenschaften

Zur Herstellung von komplexen FML-Strukturen ist das hergestellte Hybridhalbzeug zunächst in die gewünschte Geometrie umzuformen. Es wurde erwartet, dass die Vernähung sowie die Integration metallischer Schichten einen starken Einfluss auf das Drapierverhalten des Textils haben würde.

Zur Untersuchung des Umformverhaltens der vernähten Faser-Metall-Halbzeuge wurde die in Abschnitt 3.1.1 beschriebene Demonstratorstruktur eines Doppelhutprofils verwendet. In diesem Profil konnte das Umformverhalten in unterschiedlichen Radien untersucht werden. Es wurden mehrere Halbzeuge aus jeweils einer Lage Glasfasergelege und einer perforierten Metallfolie aus der Aluminiumlegierung EN AW-2024 mit unterschiedlichen Stichabständen (5,0 mm, 12,5 mm und 17,5 mm) vernäht. Die Halbzeuge wurden dabei unterschiedlich aufgebaut, sodass die Fasern auf der Halbzeugunterseite, anhand derer das Umformverhalten analysiert werden kann, teilweise quer und teilweise parallel zur

Nahtrichtung verlaufen. Die Halbzeuge wurden jeweils in mehrere Proben geschnitten und mithilfe des Presswerkzeugs umgeformt. Dabei wurden einige Proben jeweils derart umgeformt, dass der Faserverlauf parallel zur Profillängsrichtung verläuft. Andere Proben wurde mit dem Faserverlauf quer zur Profillängsrichtung umgeformt. Zudem wurde die Umformung mit einer nach oben weisenden metallischen Lage und mit einer nach unten ausgerichteten metallischen Lage betrachtet. Die Analyse erfolgte jeweils von der Seite der textilen Lage aus. Nach dem Entformen der Proben aus dem Presswerkzeug war bereits festzustellen, dass eine leichte Rückbildung der elastischen Verformung des Metalls stattgefunden hatte. Die Radien der umgeformten Probekörper entsprachen dementsprechend nicht exakt denen der Referenzgeometrie. Dennoch waren mehrere Effekte zu beobachten. In den Senken des Profils wurde das Material gestaucht, während es an den Erhöhungen des Profilquerschnitts gestreckt wurde.

War der Faserverlauf parallel zur Profillängsrichtung ausgerichtet, wurden die Faserbündel in den Senken zusammengedrückt und eine Faseranhäufung ohne Zwischenräume war zu erkennen. Auf den Erhöhungen wurden die Faserbündel hingegen auseinandergezogen, sodass Zwischenräume parallel zur Profillängsrichtung entstehen. Diese Zwischenräume bildeten sich zwischen den Nahtpunkten aus und waren bei geringem Stichabstand stärker ausgeprägt als bei großem Stichabstand. Bei einem Nahtverlauf längs zur Faserrichtung, verstärkte sich ebenfalls der zu beobachtende Effekt. Eine umgeformte Probe mit einem Faserverlauf, der Parallel zur Profillängsrichtung ausgerichtet ist, ist in Abbildung 3-23 zu sehen.

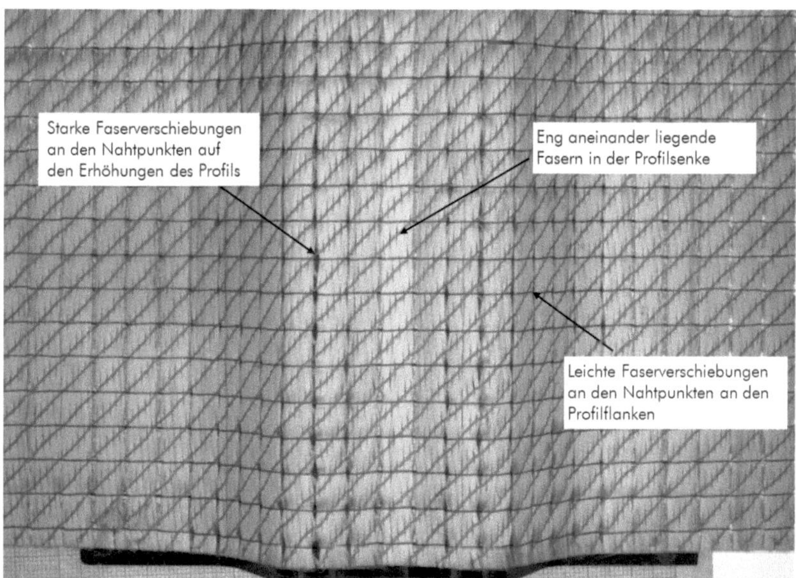


Abbildung 3-23: Drapiereffekte an einer Probe, die mit einem Stichabstand von 7,5 mm vernäht und mit der textilen Seite nach oben und dem Faserverlauf parallel zur Profillängsrichtung umgeformt wurde

War der Faserverlauf quer zur Profillängsrichtung ausgerichtet, führte dies zur Stauchung und einer Welligkeit der Fasern in der Profilsenke sowie einer Streckung der Fasern auf den Erhöhungen. Dieser Effekt ist in zweidimensionalen Aufnahmen kaum zu erkennen, wie in Abbildung 3-24 zu sehen. Um diese Faserwelligkeiten darstellen zu können, ist die Untersuchung der dreidimensionalen Effekte notwendig.

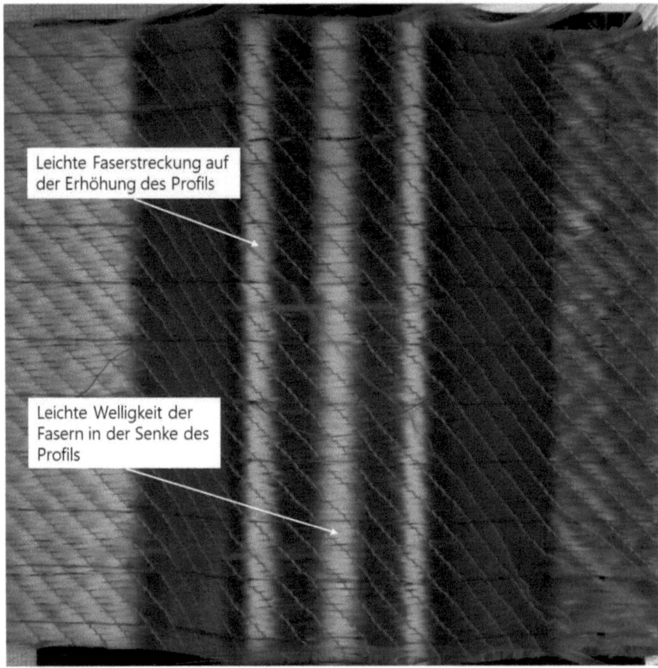


Abbildung 3-24: Drapiereffekte an einer Probe, die mit einem Stichabstand von 12,5 mm vernäht und mit der textilen Seite nach oben und dem Faserverlauf quer zur Profillängsrichtung umgeformt wurde

Ein ähnlicher Effekt konnte beobachtet werden, wenn die Naht quer zur Profillängsrichtung ausgerichtet war. An den Erhöhungen wurde der Nähfaden gestreckt und teilweise in das darunterliegende Profil gedrückt. In den Senken war die Spannung im Nähfaden soweit reduziert, dass dieser lose auf dem Material lag. Diese Effekte waren bei großen Stichabständen stärker zu erkennen als bei geringen Stichabständen und sind in Abbildung 3-25 dargestellt.

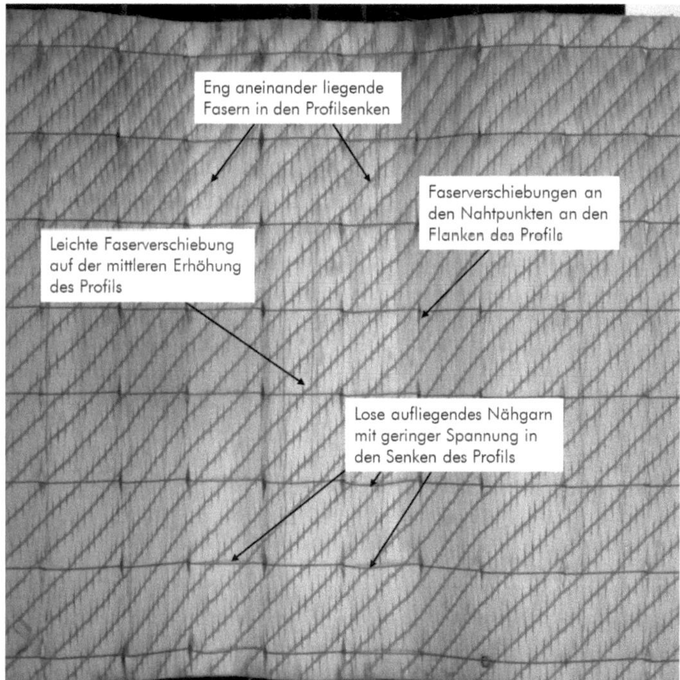


Abbildung 3-25: Drapiereffekte an einer Probe, die mit einem Stichabstand von 17,5 mm vernäht und mit der textilen Seite nach unten und dem Faserverlauf parallel zur Profillängsrichtung umgeformt wurde, wobei die Naht quer zu den Fasern und der Profillängsrichtung ausgerichtet ist

Zusammenfassend konnte festgestellt werden, dass das Umformverhalten zunächst von dem Umformverhalten der Legierung und Dicke gewählten Metallfolie abhängig ist. Die textilen Drapiereffekte sind hingegen von der Stichdichte, der Ausrichtung des Nahtverlaufs zur Faserrichtung sowie von der Ausrichtung der Fasern und der Naht zu einer Umformkante der gewünschten Geometrie abhängig.

## 3.3 Untersuchung des Infusionsverhaltens der Hybridtextilien (AP 3)

Um aus den im textilen Prozess hergestellten Hybridtextilien FML herzustellen, wurden diese mit dem duromeren Matrixsystem im Vakuuminfusionsverfahren, das in Abschnitt 2.2.2 beschrieben wurde, durchtränkt und ausgehärtet. Aus den Halbzeugen wurden Platten-Bauteile in Coupongröße zur Entnahme von Prüfkörpern sowie einzelne komplexere Demonstratorstrukturen hergestellt.

### 3.3.1 Permeabilität des hybriden Verbundes

Um die Permeabilität der im textilen Prozess hergestellten hybriden Faser-Metall-Halbzeuge zu untersuchen, wurden diese in einem Aufbau zur Vakuum-Infusion, der in Abbildung 3-26 schematisch dargestellt ist, integriert und mit der duromeren Matrix infiltriert.

Dabei wurde der Infusionsverlauf dokumentiert und der Einfluss der Perforationen in den Metallfolien analysiert.

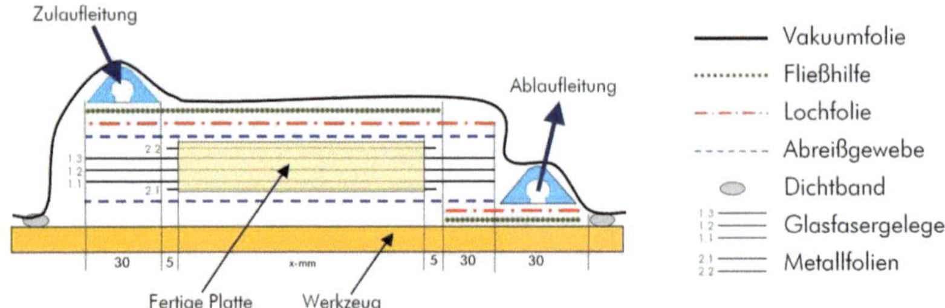


Abbildung 3-26: Anordnung der Hilfsstoffe und der Preform für die Vakuuminfusion

Es wurde erwartet, dass die Perforation die Dauer und Qualität der Infusion stark beeinflusst. Bei Infusion von Faser-Metall-Halbzeugen, in die Metallfolien mit einem Perforationsmuster mit größerem Perforationsdurchmesser und geringerem Perforationsabstand enthielten, wurde erwartet, dass die Imprägnierung im Infusionsprozess einfacher und qualitativ hochwertiger ist, als im gegenteiligen Fall. Es war zu erwarten, dass der Verlauf der Infusion dem von Jensen [4] beschriebenen ähneln würde.

In den folgenden Abschnitten wird die Infusion der teilweise vernähten Faser-Metall-Preforms aus perforierten Metallfolien und Glasfasergelegen sowie die Infusion der Referenzplatten aus GFK ohne Metallfolien beschrieben.

## Infusion der direkt vernähten Hybrid-Halbzeuge

Die FML-Halbzeuge aus Stahlfolien und Glasfasergelegen konnten direkt auf der zur Verfügung stehenden Stickmaschine vernäht werden. Es war nicht notwendig, die Metallfolien vor dem Vernähen zu perforieren, da die Perforation direkt im textilen Prozess in das Metall eingebracht wurde. Zudem konnten die Halbzeuge aus zwei Metallfolien und drei Lagen des Glasfasergeleges in einem Schritt zu einem zusammenhängenden Halbzeugaufbau verbunden werden. Dieses wurde auf die gewünschte Größe der Couponbauteile zugeschnitten und direkt in den Infusionsaufbau integriert.

Beim direkten Vernähen entstehen jedoch wie in Abschnitt 3.2.2 beschrieben scharfe Kanten sowie Verformungen des Metalls an den Rändern der Perforationen. Je größer der Durchmesser der zum Vernähen eingesetzten Nadel gewählt wurde, desto stärker waren auch die Deformationen an den Kanten der Perforationen ausgeprägt. Die Erhebung der Deformationen war an der Laminatunterseite der Laminate mit außenliegenden Metalllagen (Lagenaufbau 1) deutlich zu sehen. Um vergleichbare Ergebnisse zu erhalten, wurden alle hergestellten Laminate in der gleichen Ausrichtung wie beim Nähen, also mit der Perforation nach unten in den Infusionsaufbau eingelegt.

Der Aufbau zur Vakuuminfusion erfolgte entsprechend Abbildung 3-26 mit den in Tabelle 3-10 angegebenen Hilfsstoffen.

Tabelle 3-10: Verwendete Hilfsstoffe zur Infusion der direkt vernähten Hybridhalbzeuge

| Hilfsstoff | Produkt | Hersteller / Lieferant |
|---|---|---|
| Fließhilfe | G-fusenet-1 | Lange+Ritter GmbH |
| perforierte Trennfolie | Trennfolie G-lease 310B-25/122/P3 | Lange+Ritter GmbH |
| Abreißgewebe | Abreißgewebe F-650018 | Lange+Ritter GmbH |
| Trennmittel | Marbocote TRE 45 ECO | Mühlmeier GmbH& Co KG |
| Dichtband | GS43-MR 1/8 inch x 1/2 inch | Airtech International, Inc. |
| Zulauf- und Ablaufleitung | Silikonprofil P4190/3 85 ± 5 Shore | Gummi-Bauer Inh. Jakob Ziegler e.K. |
| Absaugvlies | Absaugvlies NW 150 | Lange+Ritter GmbH |
| Vakuumfolie | PATS-215 klar | Lange und Ritter GmbH |

Für die Versuche mit couponskalierten Teilen wurde der Vakuumaufbau auf einem Glaswerkzeug aufgebaut. Dies ermöglichte es, den Infusionsprozess von beiden Seiten der hergestellten Teile zu beobachten. Mit Hilfe einer Videoanalyse wurden die Infusionseigenschaften beobachtet und dokumentiert. Die obere und die untere Seite konnten dabei gleichzeitig beobachtet und im Video festgehalten werden, da ein Spiegel unter der Baugruppe platziert wurde. Auf diese Weise war es möglich, die Position der Fließfront zu überwachen. Der entsprechende Aufbau ist in Abbildung 3-27zu sehen.

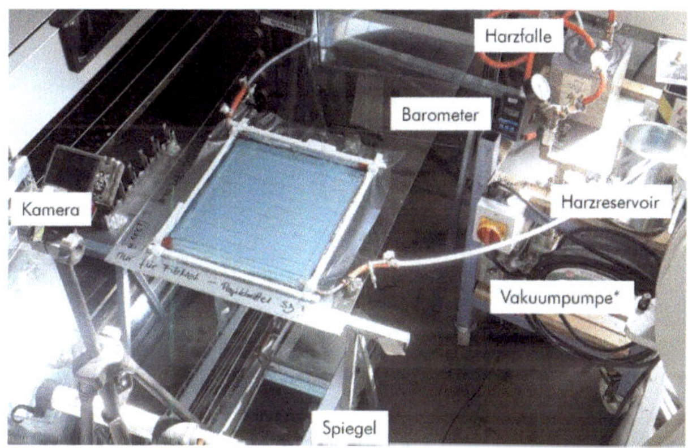


Abbildung 3-27: Aufbau der Vakuuminfusion und Versuchsaufbau zur Untersuchung des Infusionsverhaltens. (*Vakuumpumpe nicht sichtbar)

Im Rahmen der Infusionsversuche wurden FML-Platten aus den in Abschnitt 3.2.2 beschriebenen vernähten Hybrid-Halbzeugen hergestellt. Zudem wurde eine GFK-Referenzplatte hergestellt, für die drei Lagen des Glasfasergeleges als Halbzeug verwendet wurden. Dadurch konnten Unterschiede im Infusionsverlauf bei der Imprägnierung der unterschiedlichen Halbzeuge festgestellt werden. Zudem wurden die Eigenschaften der Laminate im Rahmen der anschließenden Untersuchungen, die in Abschnitt 3.4 beschrieben werden, verglichen.

Mithilfe des beschriebenen Aufbaus konnte die Ausdehnung der Fließfront und die Durchtränkung des Laminats während des Prozesses durch eine Videoanalyse beobachtet werden.

Dabei konnten Unterschiede im Infusionsverhalten der mit verschiedenen Parametern vernähten Faser-Metall-Laminate beobachtet werden. Außerdem waren deutliche Unterschiede zwischen dem Durchtränkungsverhalten des rein textilen Aufbaus der Referenzplatte und dem der vernähten FML zu erkennen.

Bei der Analyse des Infusionsverlaufs der Referenzplatte aus drei Lagen Glasfasergelege ist zu erkennen, dass sich das Harz auf der Oberseite über die Fließhilfe ausbreitet und gleichzeitig das textile Halbzeug in Dickenrichtung getränkt wird. Dadurch entsteht eine gleichmäßige Fließfront im Laminat. Einzelne Abschnitte des Infusionsverlaufs sind in Tabelle 3-11 zu sehen.

Tabelle 3-11: Zeitlicher Verlauf der Infusion einer GFK-Platte ohne Metallfolie, *: Zeit gemessen ab dem Zeitpunkt des Eintreffens des Harzes am Zulaufkanal

| Ansicht von oben | | | | | |
|---|---|---|---|---|---|
| Ansicht von unten | | | | | |
| t* | 1 min | 3 min | 5 min 30 s | 7 min 30 s | 12 min |

Es ist zu erkennen, dass die Durchtränkung des Laminats mit der Matrix auf der Ober- und Unterseite gleichmäßig verlaufen. Die Fließhilfe war 2 min 30 s nachdem das Harz den Zulauf erreichte mit Harz bedeckt. Das Harz drang währenddessen transversal durch die Glasfaserlagen. Nach 5 min war die obere Laminatschicht unter der Fließhilfe mit Harz infiltriert. Daraufhin drang an einzelnen Stellen am Ende der Fließhilfe Harz in Dickenrichtung durch das Laminat, noch bevor die Fließfront der Unterseite diese Stellen erreicht hatte (siehe Tabelle 3-11 bei 5 min 30 s). Nach 9 min erreichte Harz den Ablauf. Das Laminat war nach 12 min bis auf eine ungesättigte Stelle am Ablauf getränkt, welche nach 15 min ebenfalls infiltriert war.

Das Infusionsverhalten der FML unterscheidet sich zur Infusion der GFK-Platte dadurch, dass mit den Metallfolien ein Werkstoff eingebracht wird, der für das Harz undurchlässig ist. Durch die Perforationen wird der Harzfluss nur an bestimmten Stellen in transversale Richtung ermöglicht. Somit bestimmen die Nähparameter und der Lagenaufbau die Permeabilität und das Fließverhalten durch die Preform. Die Zeit, die benötigt wird, um eine vollständige Durchtränkung des Laminats zu erreichen, unterscheidet sich nach der Art des Lagenaufbaus, da in Lagenaufbau 1 lediglich eine Lage perforierter Metallfolie vom Harz durchdrungen werden muss, um das Textil zu tränken und in Lagenaufbau 2 zwei Metallfolien zwischen den textilen Lagen liegen.

Neben dem Lagenaufbau weisen auch die Nähparameter einen Einfluss auf das Infusionsverhalten der FML auf. Laminate, die mit einem geringen Stichabstand und großem

Nadeldurchmesser vernäht wurden, weisen eine höhere Permeabilität und dadurch eine geringere Infusionsdauer auf als die mit einem großen Stichabstand oder kleinem Nadeldurchmesser vernähten Laminate.

In allen Fällen läuft das Harz durch die Fließhilfe an der Oberseite der Infusionsbaugruppe, bevor weitere Schichten des Halbzeugs durchtränkt werden.

Im Folgenden werden die Infusionsverläufe von zwei Infusionen detaillierter dargestellt. Die Halbzeuge, die in den beispielhaft gezeigten Infusionen verwendet wurden, unterscheiden sich in Bezug auf den Lagenaufbau, den Stichabstand und den Nadeldurchmesser.

In der Tabelle 3-12 sind Aufnahmen der Infusion eines FML-Halbzeugs mit dem Lagenaufbau 1 zu sehen, das mit einem Stichabstand von 5,0 mm und einer Nadel mit einem Durchmesser von 1,1 mm vernäht wurde. Es ist zu sehen, dass sich das Harz zunächst schnell auf der Oberseite des Laminats über die Fließhilfe ausbreitet. Die Ausbreitung des Harzes auf der Oberseite des Infusionsaufbaus ist daran zu erkennen, dass die Bereiche dunkler erscheinen. Wenn das Harz die oberen Lagen der Hilfsstoffe durchtränkt hat und durch die Perforationen in der oberen Lage des Metalls in das Laminat-Halbzeug eindringt, ist das Metall deutlich zu erkennen.

Tabelle 3-12: Zeitlicher Verlauf der Infusion eines FML-Halbzeugs A050110 (Lagenaufbau 1, Stichabstand: 5,0 mm, Nadeldurchmesser: 1,1 mm), *: Zeit gemessen ab dem Zeitpunkt des Eintreffens des Harzes am Zulaufkanal

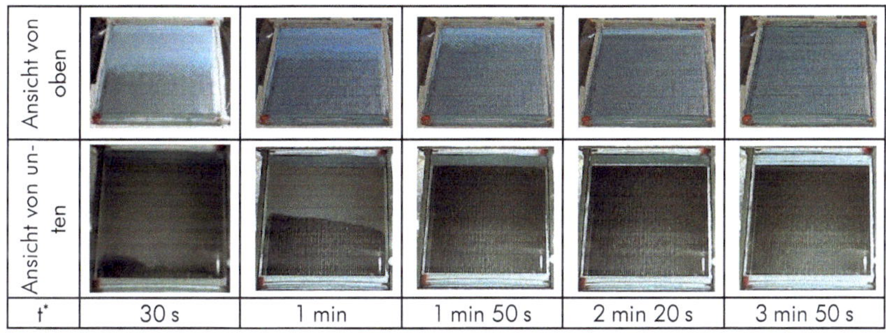

| | | | | | |
|---|---|---|---|---|---|
| Ansicht von oben | | | | | |
| Ansicht von unten | | | | | |
| t* | 30 s | 1 min | 1 min 50 s | 2 min 20 s | 3 min 50 s |

Nach ca. 30 s ist bereits die Hälfte des Laminats auf der Oberseite mit Harz bedeckt. Auf der Unterseite wurde zunächst eine deutlich langsamere Ausbreitung der Fließfront beobachtet. Auf der Unterseite befand sich nach 10 s Harz auf der Metalloberfläche. In der Zeit zwischen 10 s und 50 s war vereinzelt zu beobachten, wie Harz in transversaler Richtung vor die Fließfront auf die Unterseite gelangte. Danach breitete sich das Harz auch auf der Laminatunterseite gleichmäßig aus. Nach ca. 1 min 50 s erreichte das Harz auf der Oberseite des Infusionsaufbaus das Ende der Fließhilfe. Zu diesem Zeitpunkt war auch die gesamte Metallfläche auf der Unterseite mit Harz bedeckt, während das Metall auf der Oberseite erst nach 2 min 15 s mit Harz bedeckt war. Es ist jedoch zu beachten, dass sich das Harz auf der Unterseite des Infusionsaufbaus unterhalb des Metalls ausbreiten kann, da zwischen den deformierten Rändern der Perforationen der Metallfolie und dem Werkzeug ein Hohlraum entsteht. Dieser Effekt wird als „Racetracking" bezeichnet. Das Harz erreichte den Ablauf nach 2 min 20 s. Nach 3 min 10 s war die gesamte Platte durchtränkt.

In der Tabelle 3-13 ist der Ablauf der Infusion eines vernähten Halbzeugs mit Lagenaufbau 2 zu sehen, das einen Stichabstand von 20,0 mm aufweist und mit einer Nadel mit einem Durchmesser von 0,7 mm vernäht wurde. Die durchtränkten Glasfasern auf der Ober- und Unterseite erscheinen transparent, sodass an den durchtränkten Stellen die jeweilige darunterliegende dunklere Metalllage sichtbar wird.

Tabelle 3-13: Zeitlicher Verlauf der Infusion eines FML-Halbzeugs B200070 (Lagenaufbau 2, Stichabstand: 20,0 mm, Nadeldurchmesser: 0,7 mm), *: Zeit gemessen ab dem Zeitpunkt des Eintreffens des Harzes am Zulaufkanal

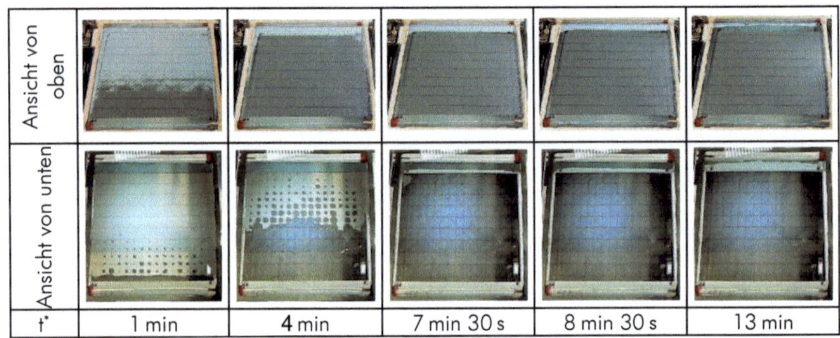

| | | | | | |
|---|---|---|---|---|---|
| Ansicht von oben | | | | | |
| Ansicht von unten | | | | | |
| t* | 1 min | 4 min | 7 min 30 s | 8 min 30 s | 13 min |

Zu sehen ist, dass sich das Harz zunächst auf der Oberseite über die Fließhilfe ausbreitete, bevor es in tiefere Laminatschichten gelangte. Nach ca. 20 s gelangte erstmals Harz durch die Perforationen bis in die untere Glasfaserlage des Laminats. Eine durchgehende Fließfront konnte nach 50 s auf der Unterseite des Laminats beobachtet werden. Das Harz breitete sich von den Perforationen aus radial vor der Fließfront aus und gingen teilweise ineinander über, bevor die Hauptfließfront diese Stellen erreichte. Durch einzelne Perforationen gelangte weniger Harz als durch die übrigen Perforationen an die Laminatunterseite. Durch einzelne Perforationen gelangte kein Harz an die Unterseite, bevor die entsprechende Stelle durch angrenzende Fließfronten erreicht und mit Harz bedeckt wurde. Die Fließhilfe war nach 2 min 35 s mit Harz bedeckt. Die obere Laminatschicht war nach 4 min 30 s bis zum Metallende mit Harz getränkt. Die Seiten waren noch trocken. Die Glasfaserlage auf der Unterseite war nach 8 min 30 s mit Harz durchtränkt, sodass die untere Metalllage vollständig als dunkle Fläche sichtbar wurde. Nach 10 min gelangte das Harz auf der Oberseite in den Ablaufkanal. Zeitgleich gelangte das Harz vor dem Ablauf von der Unterseite auf die Oberseite. Nach 19 min war eine kleine trockene Stelle am Ablauf übrig. Nach 22 min 30 s ist das gesamte Laminat mit Harz infiltriert.

Der Überblick zeigt, dass die Fließfront im Verlauf der Infusion der vernähten FML-Halbzeuge sich an der Oberseite deutlich schneller ausbreitet als auf der Unterseite. Das Harz durchdringt das Halbzeug an den Perforationen in den Metallfolien. Von dort aus breitet sich das Harz in den darunterliegenden textilen Lagen aus. Es bildet sich keine zwischen Ober- und Unterseite durchgehende Fließfront aus, wie es bei einem Infusionsprozess eines rein textilen Aufbaus beobachtet werden kann. Teilweise war zu beobachten, dass das Harz vor der regulären Fließfront in der Nähe des Ablaufs in die darunterliegenden Schichten des Laminats drang und sich von dort aus ausbreitete. Dieser Vorgang ist als unerwünscht anzusehen, da an den Stellen, an denen Fließfronten aufeinandertreffen, Lufteinschlüsse und damit Poren im Laminat entstehen können. Um das Entstehen von Poren in den Laminaten zu vermeiden wurde die Druckdifferenz/das Vakuum am Ablauf für ca. 20 min auch dann noch weiter aufrechterhalten, wenn die Halbzeuge bereits vollständig durchtränkt waren, damit die möglicherweise entstandenen Lufteinschlüsse aus dem Laminat verdrängt werden konnten. Zudem wurde dadurch ein Druckausgleich geschaffen, um einen möglichen Dickengradient beziehungsweise die Variation des FVG zu reduzieren. Der Effekt der punktuellen Durchdringung des Halbzeugs an den perforierten Stellen in den Metallfolien war besonders stark ausgeprägt bei Laminaten mit großem Stichabstand.

Mithilfe der angefertigten Videos der Infusionsverläufe konnte eine Auswertung bezüglich des Infusionsverhaltens der hybriden Halbzeuge erfolgen. In Abbildung 3-28 ist eine Übersicht über die Infusionszeiten der FML und der GFK-Platte dargestellt. Verglichen werden die Dauer der vollständigen Tränkung sowie der Verlauf der Infusion auf der Ober- und Unterseite bis zum Ende der Metallfolien (bei der GFK-Platte wurde hier die Länge der Fließhilfe betrachtet). Die Zeitangaben bezüglich der Tränkung der Ober- und Unterseite können nur innerhalb eines Lagenaufbaus verglichen werden. Bei Lagenaufbau 1 wird lediglich das Metall mit Harz bedeckt, während bei Lagenaufbau 2 die Glasfaserlage getränkt wird, bevor die obere bzw. untere Metalllage sichtbar wird. Die Infusion des Laminats B125090 konnte aufgrund eines Fehlers in der Videodatei nicht analysiert werden.

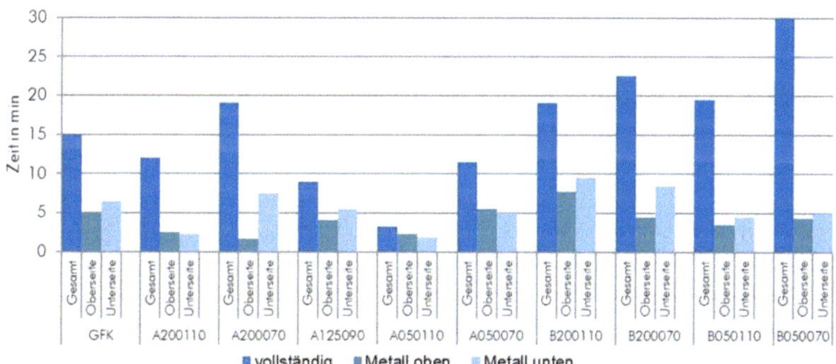


Abbildung 3-28: Vergleich der Infusionszeiten

Die in der Grafik angegebenen Zeiten basieren jedoch auf den Beobachtungen im Rahmen der Videoanalyse. Dabei ist zu beachten, dass die Durchtränkung der zwischen den Metallfolien liegenden Textilien nicht beobachtet werden kann. Es kann jeweils nur die Zeit angegeben werden, die im Prozess benötigt wurde um einen Zustand zu erreichen, der visuell erfasst werden konnte. Zudem wurden die Infusionen bei unterschiedlichen Umgebungstemperaturen durchgeführt, sodass von einer leichten Variation der Viskosität des Harzes auszugehen ist. Um einen Vergleichswert zur Abschätzung des unterschiedlichen Fließverhaltens des Harzes zu erhalten, wurden auch die Zeiten erfasst, die benötigt wurden, um die Zulaufleitung zu füllen (Abbildung 3-29).

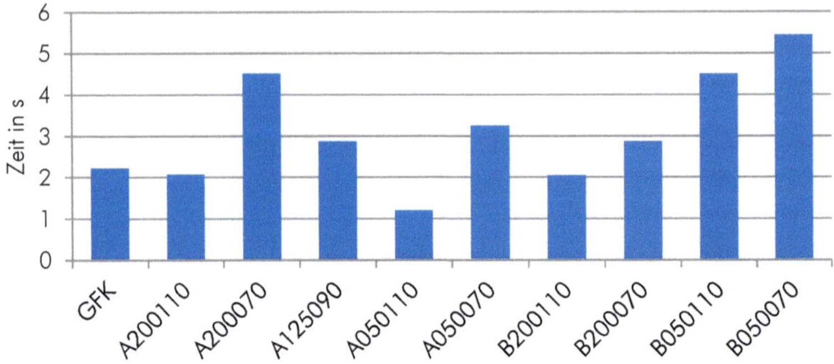


Abbildung 3-29: Zur vollständigen Füllung der Zulaufleitung mit Infusionsharz benötigte Zeit

Während die textilen Lagen des reinen GFK-Laminats direkt durchtränkt werden, stellen die Metallfolien einen für das Harz undurchdringlichen Werkstoff dar. Durch die Perforationen wird der Harzfluss an bestimmten Stellen in transversale Richtung ermöglicht. Somit bestimmen die Nähparameter und der Lagenaufbau die Permeabilität und das Fließverhalten durch die Preform. Bei Lagenaufbau 1 muss das Harz nur durch eine Metalllage fließen, um das Textil zu tränken. Bei Lagenaufbau 2 kann die erste Glasfaserlage uneingeschränkt getränkt werden, das Harz muss aber jeweils eine Metalllage durchdringen, um die weiteren beiden Textillagen zu tränken. Dieser Umstand spiegelt sich auch in den Infusionszeiten wider. Bei Lagenaufbau 1 wird, mit Ausnahme von Laminat A200070 (hohe Zulaufzeit), weniger Zeit für die vollständigen Infusionen benötigt, als bei Lagenaufbau 2. Aufgrund der ähnlichen Zulaufzeit und gleichen Nähparameter lassen sich die Laminate A200110 und B200110 gut vergleichen. Bei dem Laminat A200110 dauerte die gesamte Infusion 12 Minuten, während die Infusion des Laminats B200110 insgesamt 19 Minuten dauerte. Die Infusionen der Laminate des Lagenaufbaus 1 benötigen sogar weniger Zeit, als die der GFK-Referenzplatte (mit Ausnahme von A200070). Grund hierfür sind die Metallverformungen durch die Perforierung auf der Unterseite. Sie bilden einen Hohlraum, durch den das Harz schneller fließen kann. Bei den Laminaten A200110, A050110 und A050070 ist das Metall auf der Unterseite schneller mit Harz bedeckt, als auf der Oberseite. Die Tränkung der sichtbaren Glasfaserlagen, die äquivalent als vollständige Tränkung angesehen werden, erfolgt somit schneller als bei den anderen Laminaten. Da der Bereich zwischen die Metallfolien nicht erfasst werden kann, handelt es sich bei der Annahme, dass auch das Textil zwischen den Metallfolien durchtränkt ist, um eine Abschätzung. Es handelt sich also um die scheinbare zur Infusion des Aufbaus benötigte Zeit, die visuell erfasst werden konnte. Möglicherweise noch vorhandene Poren und trockene Stellen wurden wie bereits beschrieben entfernt, indem das Vakuum bei geöffneter Zulaufleitung aufrechterhalten wurde, wenn nach der optischen Analyse der außenliegenden Bereiche bereits von einer vollständigen Durchtränkung ausgegangen wurde.

Mit abnehmendem Stichabstand nimmt die Permeabilität des Metalls zu. Dies lässt sich an den Laminaten des Lagenaufbaus 2 mit 5 mm Stichabstand beobachten. Trotz höherer Zulaufzeit sind die Platten bis zum Metallende schneller infiltriert, als bei 20 mm Stichabstand. Der Verlauf der Fließfront ist auf Ober- und Unterseite fast gleichmäßig. Die Unterseite ist etwas später getränkt als die Oberseite, so wie es bei der GFK-Platte ebenfalls der Fall ist. Durch die erhöhte Anzahl an Fließwegen ist auf der Unterseite ein höherer Durchfluss möglich. Aufgrund der ungleichmäßigen Tränkung der Ober- und Unterseite bei geringem Stichabstand, dringt vermehrt Harz in transversaler Richtung vor die Fließfront auf der Unterseite und breitet sich dort radial aus. In der Abbildung 3-30 ist ein Ausschnitt der Infusion des Laminats B200070 zu sehen, in dem die radiale Ausbreitung des durch die Perforationen auf die Laminatunterseite gelangten Harzes deutlich zu erkennen ist. Dadurch kommt es zu einem vermehrten Aufeinandertreffen von Fließfronten, wodurch das Risiko der Porenbildung erhöht wird.

Vergleicht man B200110 und B200070, wird der Effekt des Nadeldurchmessers deutlich. Die Unterseite des Laminats B200070 ist im Verhältnis zur Oberseite später getränkt als bei B200110. Bei dem Laminat B200070 dauerte es 4 min 30 s bis die Oberseite und 8 min 30 s bis die Unterseite durchtränkt war. Bei der Infusion des Laminats B200110 dauerte es 7 min 45 s zur Durchtränkung der Oberseite und 9 min 30 s bis die Unterseite infiltriert war. Auch bei A200070 dauert es verhältnismäßig lange, bis die Unterseite getränkt ist. Zudem ist die obere Glasfaserlage bei B200070 schneller infiltriert als bei B200110. Die mit einem geringeren Nadeldurchmesser erzeugten Perforationen beschränken den Durchfluss des Harzes in Dickenrichtung durch das Laminat. Teilweise gelangte durch einzelne Perforationen bei den Laminaten, die mit einer Nadel mit 0,7 mm Durchmesser vernäht wurden, kein oder nur wenig Harz, wie in Abbildung 3-30 zu sehen. Möglicherweise wird der Harzfluss hier durch das Nähgarn behindert. Ein größerer Nadeldurchmesser erhöht die Permeabilität. Zum einen, weil die Perforation im Metall größer wird, zum anderen aber auch, weil durch die Faserverschiebung ein Raum geschaffen wird, durch den das Harz ungehindert fließen kann.

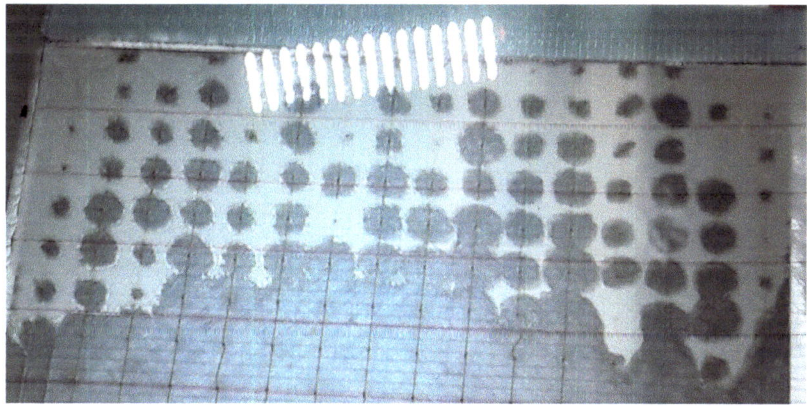

Abbildung 3-30: Fließverhalten auf der Unterseite des Laminats B200070: Durch die Perforationen gelangt Harz vor die Hauptfließfront, wodurch die einzelnen Fließfronten aufeinandertreffen. Zudem tritt durch einzelne Perforationen kein Harz

Die Infusionszeiten, die benötigt werden, um die vollständigen Tränkung zu erreichen, sind, verglichen mit den Zeiten zur Tränkungen der Glasfaserlagen bis zum Ende der Stahlfolien, teilweise hoch. Das liegt daran, dass die obere Fließhilfe etwa bis zum Ende der Metallfolien aufliegt und die untere Fließhilfe fast auf derselben Höhe auf der Unterseite anschließt. Das Harz kann über die Fließhilfe schneller fließen und breitet sich dann in transversaler Richtung aus. Auf der Unterseite gelangt das Harz vom Laminat über die untere Fließhilfe in den Abfluss, bevor die gesamte Platte infiltriert ist. Dadurch wird das metallfreie Endstück auch teilweise von unten nach oben mit Harz getränkt.

Zusammenfassend lässt sich sagen, dass bei geringem Stichabstand eine schnellere Infusion mit höherem Durchfluss möglich ist. Ein geringer Perforationsdurchmesser kann bei hohem Stichabstand zu einem beschränkten Durchfluss und einer ungleichmäßigen Durchtränkung des Laminats führen. Bei Lagenaufbau 1 ist eine schnellere Infusion möglich, als bei Lagenaufbau 2. Nachteile des Lagenaufbau 1 sind jedoch das „Racetracking" und die entstehende Harzschicht auf der Unterseite des Laminats. Zudem ist die Durchtränkung der Glasfaserlagen nicht einsehbar, was bei Lagenaufbau 2 zumindest bei zwei Glasfaserlagen möglich ist.

## Infusion der nach Vorperforierung teilweise vernähten Hybrid-Halbzeuge mit vorperforierten Metallfolien

Die FML-Halbzeuge aus der gewählten Aluminiumlegierung EN AW-2024 und Glasfasergelegen konnten, wie in Abschnitt 3.2 beschrieben, nicht direkt auf der zur Verfügung stehenden Stickmaschine vernäht werden. Es war daher notwendig, die Metallfolien vor dem Vernähen zu perforieren. Der Perforationsdurchmesser betrug ca. 2,0 mm. Es wurde jeweils eine Lage der perforierten Metallfolie mit einer Lage des textilen Halbzeugs vernäht. Der vollständige Aufbau des FML aus zwei der vernähten Halbzeuge und einer weiteren textilen Lage erfolgte jeweils während der Integration in den Aufbau zur Vakuuminfusion, der ähnlich dem in Abbildung 3-26 gezeigten Aufbau mit den in Tabelle 3-14 angegebenen Hilfsstoffen erfolgte.

Tabelle 3-14: Verwendete Hilfsstoffe zur Infusion der teilweise vernähten Hybridhalbzeuge aus Glasfasergelegen und vorperforierten Metallfolien

| Hilfsstoff | Produkt | Hersteller / Lieferant |
|---|---|---|
| Fließhilfe | Glasfasermatte UNIFILO U-816 300 g/m² | Lange+Ritter GmbH |
| perforierte Trennfolie | NOWOFLON ET 6235 Z | NOWOFOL® Kunststoffprodukte GmbH & Co. KG |
| Abreißgewebe | Abreißgewebe F-650018 | Lange+Ritter GmbH |
| Trennmittel | LOCTITE® FREKOTE 55-NC™ | Henkel Adhesives Technologies India Private Limited |
| Dichtband | GS43-MR 1/8 inch x 1/2 inch | Airtech International, Inc. |
| Zulaufleitung | Silikonprofil P4190/3 85±5 Shore | Gummi-Baur Inh. Jakob Ziegler e.K. |
| Absaugleitung | Semipermeabler Membranschlauch MTI® Leitung | DD Compound GmbH |
| Absaugvlies | Absaugvlies NW 150 | Lange+Ritter GmbH |
| Vakuumfolie | PATS-215 klar | Lange und Ritter GmbH |

Zur Absaugung wurde dabei ein Schlauch aus einer semipermeablen Membran verwendet, die für Luftbestandteile durchlässig ist, für Harz jedoch nicht. Zudem konnten die Infusionen in einem klimatisierten Laminierraum mit einer konstanten Temperatur von 23 °C durchgeführt werden, sodass ein Einfluss der Umgebungsbedingungen auf die Viskosität des Harzes ausgeschlossen werden konnte.

Auch bei der Infusion der FML mit vorperforierter Metallfolie konnte beobachtet werden, dass die Fließfront sich auf der Oberseite des Infusionsaufbaus über die Fließhilfe deutlich schneller ausbreitete als auf der Unterseite. Das Harz dringt durch die Perforationen im Metall in die darunterliegenden textilen Lagen und breitet sich um die Perforationen zunächst radial aus. Es bildete sich jedoch jeweils nach wenigen Minuten auch an der Unterseite des Laminats eine gleichmäßige Hauptfließfront, die sich jedoch deutlich langsamer ausbreitet als die Fließfront auf der Laminatoberseite. Die punktuelle Durchdringung des Laminats an den perforierten Stellen konnte vor allem mit geringem Abstand vor der Hauptfließfront beobachtet werden. Dadurch gingen die Hauptfließfront und die sich radial um die Perforationen ausbreitenden Harzbereiche jeweils nach kurzer Zeit ineinander über.

In der Tabelle 3-15 ist beispielhaft der Infusionsverlauf für die Infusion eines FML mit Lagenaufbau 1 dargestellt, das mit einem Abstand von 12,5 mm vorperforierte Metallfolien enthält.

Tabelle 3-15: Zeitlicher Verlauf der Infusion eines unvernähten FML-Halbzeugs A125000 (Lagenaufbau 1, Stichabstand: 12,5 mm, nicht vernäht), *: Zeit gemessen ab dem Zeitpunkt des Öffnens des Zulaufkanals

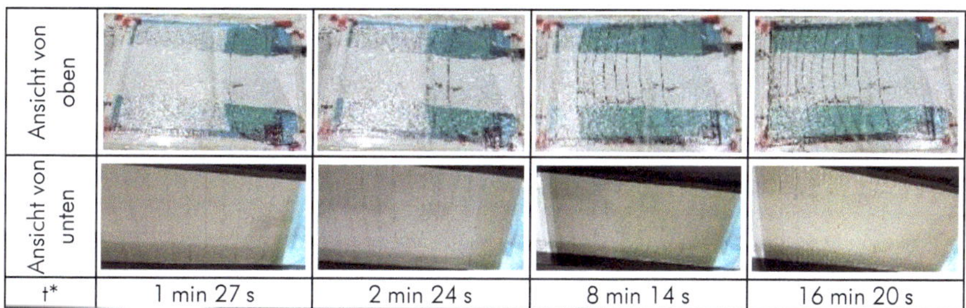

| | | | | |
|---|---|---|---|---|
| Ansicht von oben | | | | |
| Ansicht von unten | | | | |
| t* | 1 min 27 s | 2 min 24 s | 8 min 14 s | 16 min 20 s |

## 3.3.2 Aushärtung

Nachdem die Preform vollständig getränkt war und keine Luftblasen mehr am Ablauf zu sehen waren, wurde der Zulauf abgeklemmt. Nun wurde das Vakuum noch 20 Minuten aufrechterhalten, um einen Druckausgleich in der Form zu schaffen. Damit wurde angestrebt, einen möglichen Dickengradient beziehungsweise die Variation des FVG zu reduzieren. Anschließend wurde der Ablauf ebenfalls abgeklemmt und das Laminat bei 70 °C für 8 h im Trockenschrank (UF450plus, Memmert GmbH + Co. KG) ausgehärtet. Nach dem Aushärteprozess wurde die Platte vom Werkzeug getrennt.

Die FML aus direkt vernähten Hybridhalbzeugen wiesen zum Teil größere Poren und trockene Stellen auf, sodass einige Teile als Ausschuss klassifiziert und die Versuche wiederholt werden mussten. Auf der Unterseite der Laminate mit dem Lagenaufbau 1 hatte sich zudem eine dicke Harzschicht gebildet. Die FML, in denen vorperforierte Metallfolien enthalten waren, hatten einheitliche Oberflächen, in denen keine Poren oder trockene Stellen erkennbar waren. Diese Unterschiede in der Qualität der Laminate kann auf mehrere Ursachen zurückgeführt werden. Zum einen haben die Perforationen in den vorperforierten Metallfolien einen deutlich größeren Durchmesser als die in den Metallfolien der direkt vernähten Laminate, sodass hier der Harzdurchfluss vereinfacht wird. Zum anderen bilden sich an den Perforationen der direkt vernähten Metallfolien Deformationen und damit Hinterschneidungen, an denen Lufteinschlüsse gebildet werden können. Des Weiteren wurde durch die Verwendung einer Absaugung aus einem semipermeablen Membranschlauch ein gleichmäßigerer Infusionsverlauf erzielt. Zudem konnten die Umgebungseinflüsse bei der zweiten Versuchsreihe eliminiert werden.

### 3.3.3 Fertigung des Demonstrators

Zusätzlich zu den Couponbauteilen wurden einige Demonstratorbauteile hergestellt.

Bei der verwendeten Referenzgeometrie handelt es sich um das in Abschnitt 3.1.1 beschriebene Hutprofil als Teil einer Seitenaufprallstruktur im Automobil. Um Abschnitte des Hutprofils abzubilden wurden zugeschnittene Faser-Metall-Halbzeuge aus Glasfasergelege und Folien aus Al EN AW-2024 mithilfe des Werkzeugs umgeformt. Nach dem Umformen bildete sich die Kontur leicht zurück. Zwei der umgeformten Halbzeuge wurden jeweils mit einer weiteren Lage Glasfasergelage zu einem Halbzeugaufbau geschichtet. Es wurde je ein Profilabschnitt aus FML mit Lagenaufbau 1 und mit Lagenaufbau 2 sowie ein Profilabschnitt aus drei Lagen Glasfasergelege hergestellt.

Die Halbzeuge wurden auf der unteren Hälfte des Umformwerkzeugs in einen Infusionsaufbau integriert. Der Zulauf wurde aus einem Spiralschlauch hergestellt. Der weitere Aufbau entspricht dem in Abschnitt 3.3 beschriebenen. Durch Anlegen des Vakuums wurde der Aufbau evakuiert und gleichzeitig das Halbzeug in die Formkontur gedrückt. Zusätzlich wurde ein zweiter Vakuumsack aufgebracht. Dieser dient zum einen als Sicherheit, um bei Beschädigung des ersten Vakuumsacks das Vakuum aufrecht erhalten zu können und zum anderen dazu, den Anpressdruck zu erhöhen und dadurch die Form zu stabilisieren. Die Infusion eines derartigen FML-Bauteils ist in Abbildung 3-31 zu sehen.

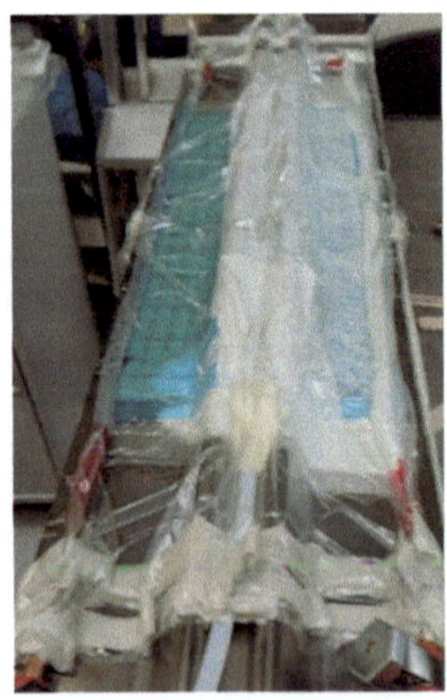

Abbildung 3-31: Infusion eines Doppelhutprofilabschnitts aus FML

Das Profil, das aus drei Lagen textilen Halbzeugs ohne metallische Lagen gefertigt wurde, ist in Abbildung 3-32 zu sehen. Zu erkennen ist, dass das Bauteil direkt auf dem Werkzeug aufliegt und die Kontur des Werkzeugs vollständig nachgebildet wird. Die Kontur der FML-Bauteile bildet die Kontur der Werkzeuggeometrie hingegen nicht vollständig nach, wie in Abbildung 3-33 zu sehen. Die elastische Verformung des Metalls bildete sich nach dem Umformen des Halbzeugs zurück (Spring Back). Durch den Druck, der von der Vakuumfolie auf das Material ausgeübt wird, konnte die Geometrie nicht wiederhergestellt werden. Dadurch sind Hohlräume unter dem Halbzeug entstanden, die mit Harz aufgefüllt wurden. Zum Teil bildete sich dadurch eine dicke Harzschicht unter dem Profil. An dem Bauteil mit Lagenaufbau 1 waren auf der Unterseite wenige Poren zu erkennen. Das Bauteil mit Lagenaufbau 2 wies hingegen einige trockene Stellen auf der Unterseite auf.

Abbildung 3-32: Doppelhutprofil aus GFK

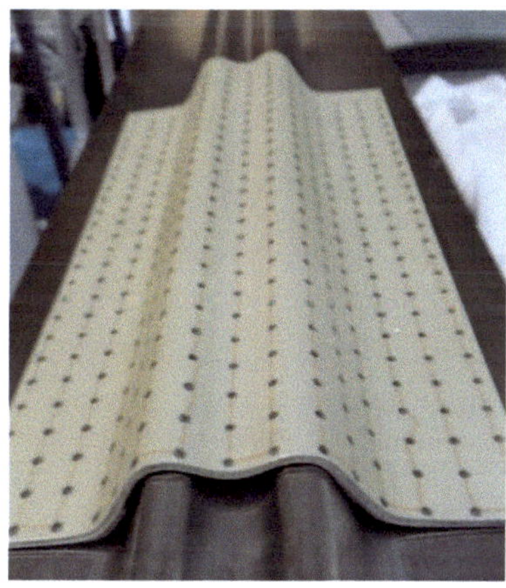

Abbildung 3-33: Doppelhutprofil aus FML mit Lagenaufbau 1

Zunächst war vorgesehen, eine große Plattenstruktur herzustellen und diese in eine Kastenstruktur als Demonstrator für eine Container- oder Aufbauwand zu integrieren. Die Entwicklung des Herstellungsprozesses, insbesondere des textilen Prozessschrittes war jedoch mit deutlich größeren Herausforderungen verbunden als zunächst angenommen. Daher konnte ein derartiger Demonstrator nicht gefertigt werden.

## 3.4 Untersuchung der Laminateigenschaften (AP 4)

Die Eigenschaften der im Rahmen der zuvor beschriebenen Prozessschritte gefertigten FML-Strukturen wurden anschließend im Rahmen von Laboruntersuchungen analysiert. Dabei wurden sowohl zerstörende als auch zerstörungsfreie Prüfverfahren eingesetzt.

### 3.4.1 Laboruntersuchungen (optische Analysen, Faservolumengehaltsbestimmung und mechanische Untersuchungen)

Aus den hergestellten Laminaten wurden Prüfkörper für Untersuchung der Eigenschaften im Rahmen von zerstörenden Prüfungen entnommen. Durch Schliffbilduntersuchungen wurde das Nahtbild begutachtet, der Porenanteil analysiert und eine Aussage über die Anbindung der Lagen getroffen. Zudem wurde der Faservolumengehalt der Faserverbundlagen in den Laminaten ermittelt. Im Rahmen von Zugprüfungen, Dreipunktbiegeversuchen und Prüfungen der Charpy-Schlagzähigkeit wurden mechanische Kennwerte ermittelt. Außerdem wurde die interlaminare Scherfestigkeit als Maß der Anbindung zwischen dem Kunststoff und der Metalllage untersucht. Die Ergebnisse wurden jeweils in Bezug auf die Fertigungsparameter, insbesondere den Lagenaufbau und die Nähparameter, verglichen, um Aussagen über den Einfluss der Parameter auf die Laminateigenschaften treffen zu können.

Die Auswertung der Ergebnisse entsprechend der statistischen Versuchsplanung ermöglichte den Vergleich der Laminateigenschaften nach Lagenaufbau und Perforations-Parametern.

## Herstellung der Probekörper aus Hybridlaminaten

Die Entnahme der Prüfkörper aus den hergestellten Couponplatten erfolgte entsprechend der Materialzusammensetzung der Laminate mit unterschiedlichen Mitteln.

Die Prüfkörperentnahme aus den Laminaten aus GFK und Stahlfolie erfolgte über eine Nasskreissäge mit Diamantsägeblatt (Accutom-2, Struers GmbH). Unmittelbar nach dem Zuschneiden eines Prüfkörpers wurde dieser getrocknet, um Korrosion an den Stahlfolien zu verhindern. Die Trocknung erfolgte durch Baumwolltücher, Papiertücher und einer anschließenden Lagerung in Silikagel. Zuletzt wurden alle Kanten der Prüfkörper entgratet.

Die Entnahme von Prüfkörpern aus Laminaten aus GFK und Folien aus der Aluminiumlegierung EN AW-2024 wurde teilweise mithilfe einer Prüfkörpersäge mit PKD-Kreissägeblatt (125 x 2,5 mm) umgesetzt. Dabei hat sich gezeigt, dass sich bei der Bearbeitung der Hybridmaterialien weitere Herausforderungen ergeben. Das Sägeblatt nutzte stark ab und die eingesetzten Kanten brachen heraus. Um die Kosten zur Neubeschaffung von Sägeblättern zu reduzieren, wurden die weiteren Prüfkörper soweit wie möglich mittels Wasserstrahlschneiden entnommen. Die Abbildung 3-34 zeigt ein Schliffbild einer Schnittkante, die mithilfe der Prüfkörpersäge geschnitten wurde, Abbildung 3-35 zeigt ein Schliffbild einer Probenkante, die mittels Wasserstrahlschneidverfahren hergestellt wurde.

Abbildung 3-34: Schnittkante eines Laminats, gesägt

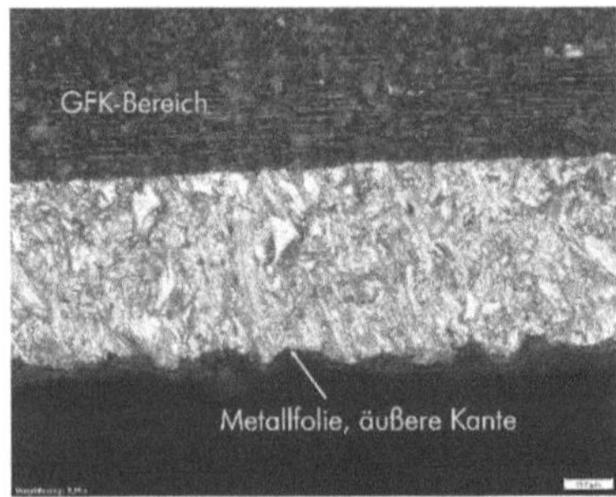


Abbildung 3-35: Schnittkante eines Laminats, wasserstrahlgeschnitten

Alle Prüfkörper wurden gemäß der Norm DIN EN ISO 291 mindestens 24 Stunden bei 23 °C und 50 % relativer Luftfeuchtigkeit klimatisiert und anschließend vermessen.

## Optische Prüfung des Laminats durch Schliffbilder

Im Rahmen der Laboruntersuchungen wurden Schliffbilder angefertigt. Diese dienten zum einen der Untersuchung des Nahtverlaufs im Laminat, der Schädigung der metallischen Lagen im Bereich der Perforation sowie der Analyse von Inhomogenitäten, Harznestern und Delaminationen im Laminat. Zum anderen wurde anhand der Schliffbilder der Porengehalt der Laminate ermittelt, der Rückschlüsse auf die Qualität des Infusionsprozesses zulässt.

In Abbildung 3-36 und Abbildung 3-37 sind Makroskopaufnahmen von Schliffbildern von FML zu sehen, die aus direkt vernähten Halbzeugen aus Glasfasergelegen und Stahlfolie hergestellt wurden.

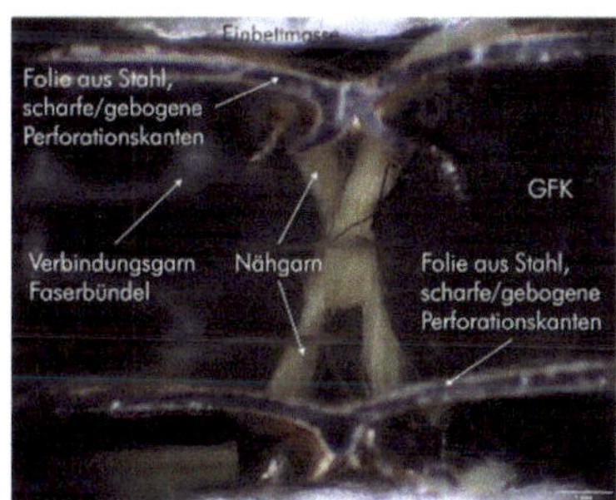


Abbildung 3-36: Makroskoraufnahme eines Nahtpunktes in einem direkt vernähten Laminat aus GFK und Stahlfolie mit Lagenaufbau 1

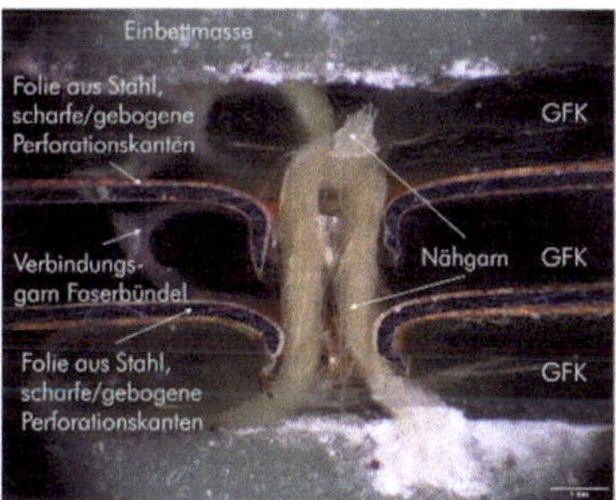


Abbildung 3-37: Makroskoraufnahme eines Nahtpunktes in einem direkt vernähten Laminat aus GFK und Stahlfolie mit Lagenaufbau 2

In beiden Schliffbildern ist das Nähgarn und die Verschlaufung von Ober- und Unterfaden deutlich zu erkennen. Dabei ist in dem Laminat mit Lagenaufbau 1, das in Abbildung 3-36 zu sehen ist, zu erkennen, dass die Verschlaufung von Ober- und Unterfaden etwa in der Mitte des Laminats liegt. Bei dem in Abbildung 3-37 Laminat mit Lagenaufbau 2 ist zu erkennen, dass die Verschlaufung aus Ober-und Unterfaden in der oberen textilen Lage gebildet wurde. Es ist daher anzunehmen, dass die Oberfadenspannung sehr hoch und die Unterfadenspannung sehr niedrig eingestellt war, sodass der Unterfaden an die Laminatoberseite gezogen wurde. Ebenfalls zu erkennen ist die Verformung des Metalls an den Perforationskanten.

In Abbildung 3-38 und Abbildung 3-39 sind Makroskopaufnahmen von Schliffbildern von FML zu sehen, die aus Halbzeugen aus Glasfasergelegen und Folie aus Aluminiumlegierung hergestellt wurden.

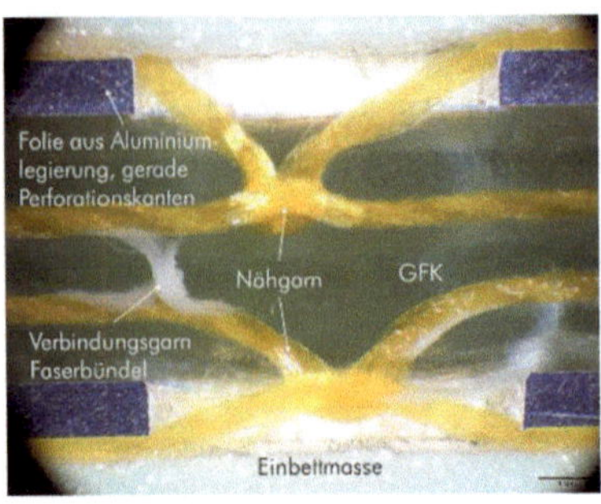


Abbildung 3-38: Makroskoraufnahme von Nahtpunkten in einem Laminat aus GFK und Folie aus Aluminiumlegierung mit Lagenaufbau 1

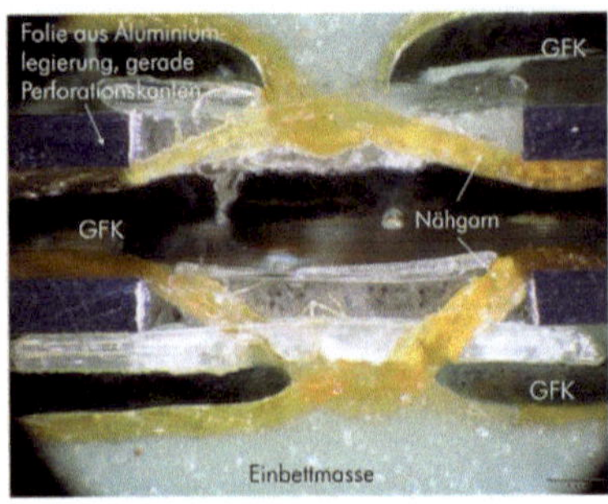


Abbildung 3-39: Makroskoraufnahme von Nahtpunkten in einem Laminat aus GFK und Folie aus Aluminiumlegierung mit Lagenaufbau 2

Die Halbzeuge aus einer textilen und einer metallischen Lage wurden jeweils vernäht, wobei die metallische Lage auf der textilen lag. Der Oberfaden des vernähten Hybridhalbzeugs liegt dementsprechend auf der metallischen Lage, während der unterfaden unter der textilen Lage entlanggeführt wird. In den Schliffbildern ist jedoch zu erkennen, dass die Verschlaufung von Ober- und Unterfaden an unterschiedlichen Stellen im Halbzeug gebildet wurde. Die Halbzeuge wurden dementsprechend nicht mit einer gleichmäßigen Einstellung von Ober- und Unterfadenspannung vernäht, sodass hier Optimierungspotential im textilen Prozess zu erkennen ist.

In Abbildung 3-40 und Abbildung 3-41 sind Schliffbildaufnahmen von FML aus direkt vernähten Halbzeugen im Bereich der Naht zu sehen. In beiden Abbildungen sind die Deformationen des Metalls an den Perforationskanten zu erkennen. Die Aufnahme in Abbildung 3-40 zeigt ein Laminat mit Lagenaufbau 1 aus einem Halbzeug, das mit einer Nadel mit einem Durchmesser von 0,7 mm vernäht wurde. Zu erkennen ist, dass die Glasfasern im Bereich der Perforation verdrängt wurden und an diesen Stellen Harzansammlungen entstanden sind. Ebenfalls zu sehen ist die Harzschicht auf der Unterseite des Laminats, die sich in den Hohlräumen zwischen den hervorstehenden Metallkanten bildet.

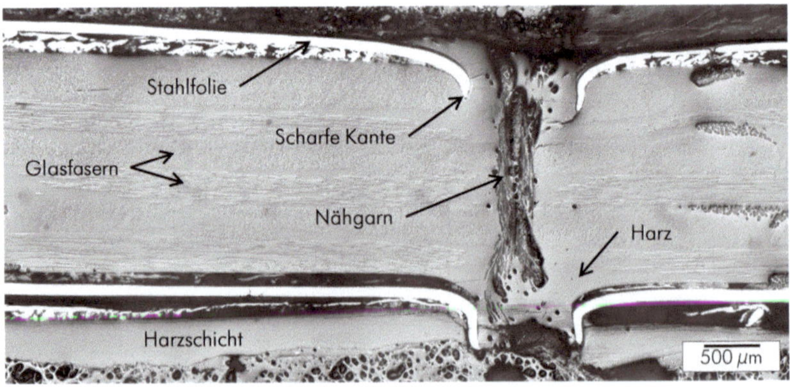


Abbildung 3-40: Schliffbild einer Nahtstelle des Laminats A050070

In Abbildung 3-30 ist ein Laminat mit Lagenaufbau 2 zu sehen, das aus einem mit einer Nadel mit 1,1 mm Durchmesser vernähtem Halbzeug gefertigt wurde. Auch in diesem Laminat wurden die Fasern in den Bereichen der Perforationen in den Metallfolien verdrängt, sodass sich harzreiche Stellen gebildet haben. Es ist zu sehen, dass die Deformationen des Metalls deutlich größer sind als bei dem mit kleinerem Nadeldurchmesser vernähten Laminat.

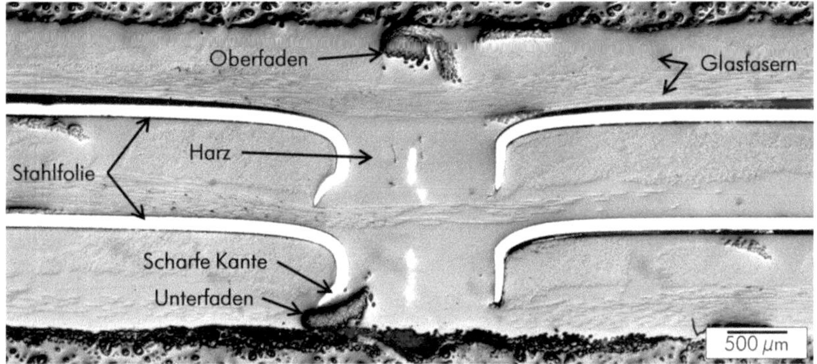


Abbildung 3-41: Schliffbild einer Nahtstelle des Laminats B050110

Außerdem ist in beiden Abbildungen zu sehen, dass an den Grenzflächen zwischen Faserverbund und Metall Delaminationen entstanden sind. Die Anbindung zwischen Faserverbund und Metall ist nur an den Nahtpunkten gegeben.

In Abbildung 3-42 ist ein Ausschnitt eines FML aus Stahlfolie und GFK ohne Nahtpunkt zu erkennen. Zusätzlich zu den Delaminationen zwischen den textilen und metallischen Lagen sind auch Poren zu sehen.

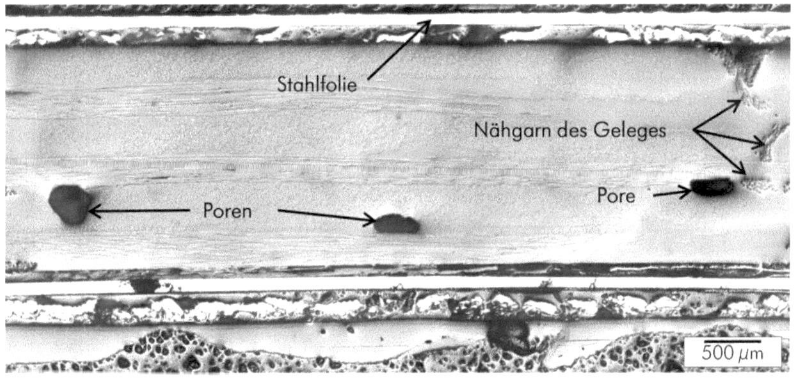


Abbildung 3-42: Schliffbild des Laminats A125090

Zum Vergleich ist in Abbildung 3-43 ein Laminat aus Folien aus Aluminiumlegierung und GFK zu sehen. In diesem Schliffbild sind keine Delaminationen zwischen den Lagen zu erkennen. Die GFK-Anteile weisen eine hohe Gleichmäßigkeit auf, Poren sind in diesem Ausschnitt nicht zu erkennen.

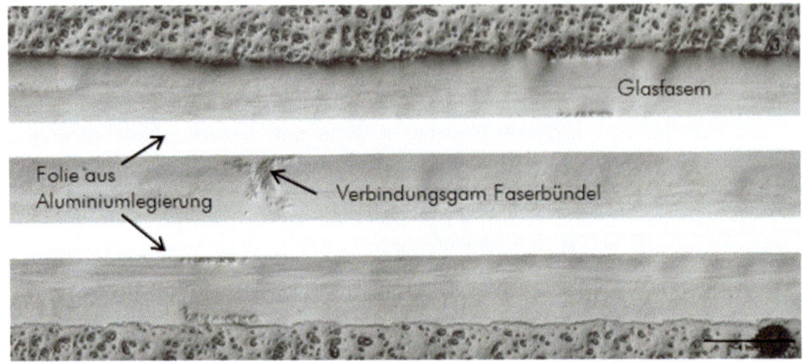


Abbildung 3-43: Schliffbild eines FML mit Lagenaufbau 2 aus GFK und Metallfolien aus der Aluminiumlegierung EN AW-2024

Im Rahmen der Untersuchung der Laminate aus direkt vernähten Halbzeugen aus GFK und Stahlfolie wurde der Porenanteil der Laminate analysiert und verglichen. Dazu wurden mehrere Prüfkörper aus den infusionierten FLM entnommen, die unterschiedliche Abstände zum Zulauf der Infusion aufweisen, um mögliche Auffälligkeiten des Infusionsverhaltens ermitteln zu können. Der Porenanteil des GFK-Anteils der FML wurde mittels Grauwertabgleich bestimmt. Die in den einzelnen Bereichen der Laminate ermittelten Porengehalte sind in Abbildung 3-44 dargestellt.

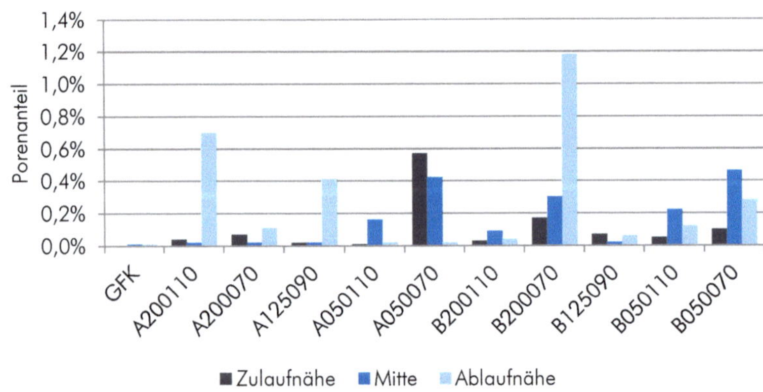


Abbildung 3-44: Vergleich der Porenanteile der Laminate in Zulaufnähe, der Mitte und Ablaufnähe

In den Proben aus den Laminaten A200110, A125090 und B200070 ist der Porenanteil in Ablaufnähe vergleichsweise hoch. In den Schliffbildern dieser Proben befinden sich jeweils mehrere Poren. In Abbildung 3-45 sind die gemittelten Porenanteile der Laminate dargestellt.

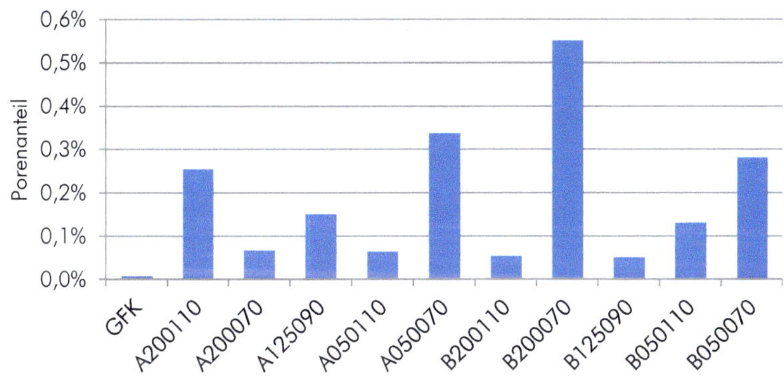


Abbildung 3-45: Gemittelter Porenanteil der Laminate

Die Referenzplatte aus GFK weist mit 0,01 % den geringsten Porenanteil auf. Den höchsten Porenanteil hat das Laminat B200070 mit 0,55 %. Mithilfe der gemittelten Porenanteile wurde ein Effektdiagramm wie in Abschnitt 2.2.3 beschrieben erstellt, das in Abbildung 3-46 zu sehen ist. Es ist zu erkennen, dass der Nadeldurchmesser den größten Effekt auf den Porenanteil des FML hat, da die Gerade zwischen den ermittelten Mittelwerten der Messwerte für die größte und die kleinste Parametereinstellung die größte Steigung aufweist. Laminate, die mit einem Nadeldurchmesser von 0,7 mm vernäht wurden, weisen im Durchschnitt den höchsten Porenanteil auf. Einflüsse von Stichabstand und Lagenaufbau sind erkennbar, die Parameter weisen jedoch einen deutlich geringeren Effekt auf. Zudem ist zu erkennen, dass die Einflüsse des Nadeldurchmessers und des Stichabstands Nichtlinearitäten aufweisen. Dies ist daran zu erkennen, dass die Werte im Zentralpunkt nicht auf den Geraden in den Effektdiagrammen liegen. Die Art der Nichtlinearität kann jedoch nicht ermittelt werden. Um einen Verlauf des Porenanteils in Abhängigkeit der Parameter darstellen zu können, sind Messungen mit einer höheren Anzahl an Parametereinstellung notwendig. Da für den Lagenaufbau lediglich zwei Stufen untersucht wurden, kann kein für diesen Faktor kein Zentralpunkt untersucht werden.

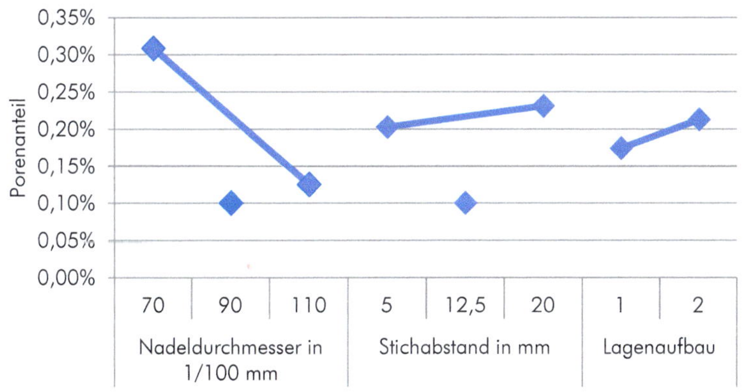


Abbildung 3-46:Effektdiagramm für den Porenanteil

In Abbildung 3-47 ist das Wechselwirkungsdiagramm für die Faktoren Stichabstand und Nadeldurchmesser dargestellt. Es zeigt, dass eine leichte Wechselwirkung zwischen den Faktoren besteht.

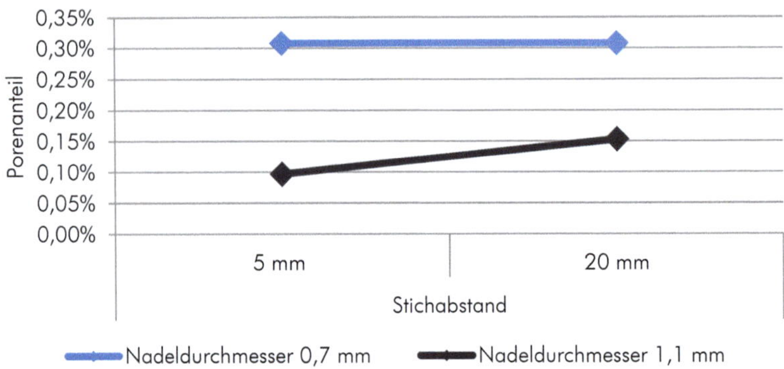


Abbildung 3-47: Wechselwirkungsdiagramm für die Wechselwirkung zwischen Stichabstand und Nadeldurchmesser auf den Porenanteil

Im Rahmen der Schliffbildanalysen konnte der Verlauf der Naht im Laminat genauer analysiert und ungleichmäßige Fadenspannungen beim Vernähen erkannt werden. Daraus lässt sich ein Optimierungsbedarf für den textilen Prozessschritt der Halbzeugfertigung ableiten. In den direkt vernähten Laminaten konnte zudem die Deformation der Perforationskanten dargestellt werden, in denen sich während der Infusion Harznester bilden. Der Porenanteil der Laminate ist insgesamt gering, es konnte jedoch festgestellt werden, das die Nähparameter, insbesondere der Nadeldurchmesser einen Einfluss auf die Bildung von Poren haben. Größere Perforationsdurchmesser in der Metallfolie erleichtern den Infusionsprozess und führen dadurch zu einer Reduzierung der Porenbildung im Laminat. Zudem ist der Porenanteil in den untersuchten Laminaten in der Nähe des Harzablaufs höher als in der Nähe des Anlaufs. Dies zeigte Optimierungspotential im Infusionsprozess, das im Rahmen der Fertigung der FML aus vorperforierten Metallfolien und GFK teilweise ausgeschöpft wurde. Diese Laminate weisen Schliffbilder mit gleichmäßigen und geringerem Porenanteil über die gesamte Fläche auf. Zudem war zu erkennen, dass sich an den Grenzflächen zwischen unbehandelter Stahlfolie und GFK starke Delaminationen bildeten, während die Laminate aus GFK und der mit einem Primer beschichteten Folie aus Aluminiumlegierung keine Delaminationen aufwiesen.

## Prüfung des Faservolumengehalts und dessen Homogenität

Um die Qualität der Durchtränkung der textilen Lagen weiter zu analysieren, wurde der Faservolumengehalt (FVG) des GFK-Anteils der FML mittels Veraschung in Anlehnung an DIN EN ISO 1172 ermittelt. Um die Homogenität des FVG zu überprüfen und eine möglicherweise ungleichmäßige Verteilung der Matrix im Laminat feststellen zu können, wurden Proben aus unterschiedlichen Bereichen der hergestellten FML entnommen, die einen unterschiedlichen Abstand zum Harzzulauf aufwiesen. Die ermittelten Werte für den FVG der Laminate, die aus direkt vernähten Halbzeugen aus Stahlfolien und Glasfasergelegen hergestellt wurden, sowie der GFK-Referenzplatte sind bezüglich der Entnahmestellen der Proben in Abbildung 3-48 dargestellt.

Den höchsten FVG hat die GFK-Referenzplatte mit ca. 55 % im Mittelwert, den niedrigsten das Laminat A050110 mit einem Mittelwert von ca. 34 %. Da sich bei diesem Laminat während der Infusion auf der Unterseite zwischen den Perforationen eine Harzschicht ausgebildet hatte, wurde diese bei einer zusätzlichen Probe entfernt und der FVG bestimmt. Der FVG des GFK zwischen den Stahlfolien des Laminats A050110 beträgt 45,81 % und liegt damit deutlich über dem abgebildeten Wert. Mit Ausnahme von A200110 bildete sich auch bei den anderen Laminaten mit Lagenaufbau 1 eine Harzschicht auf der Unterseite, welche jedoch nicht so stark ausgeprägt waren wie bei A050110. Bei den Laminaten mit Lagenaufbau 2 bildet sich keine zusätzliche Harzschicht. Dennoch liegen die Werte für den FVG unterhalb des Werts der GFK-Proben.

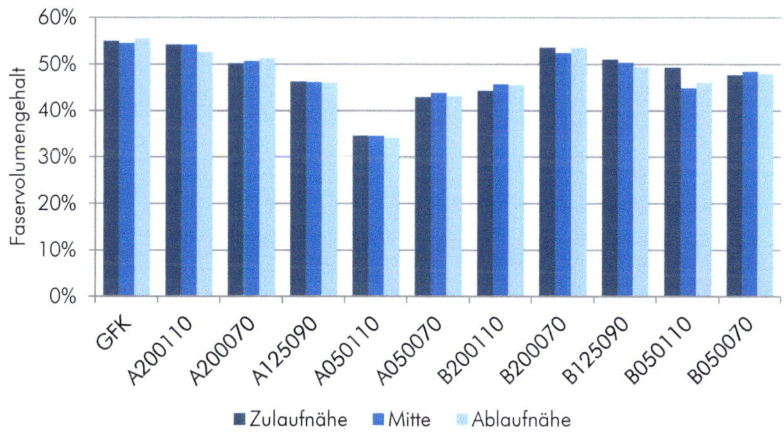


Abbildung 3-48: Vergleich des FVG (Veraschung) über der Laminate in Zulaufnähe, der Mitte und Ablaufnähe

Es ist zu erkennen, dass der FVG in den unterschiedlichen Bereichen der FML nahezu konstant geblieben ist. Dies lässt Rückschlüsse auf eine gleichmäßige Durchtränkung zu. Anhand der Mittelwerte der FVG wurden die Effekte und Wechselwirkungen der einzelnen Fertigungsparameter für den FVG untersucht.

In Abbildung 3-49 ist das Effektdiagramm zum FVG dargestellt. Den größten Effekt auf den FVG hat der Stichabstand.

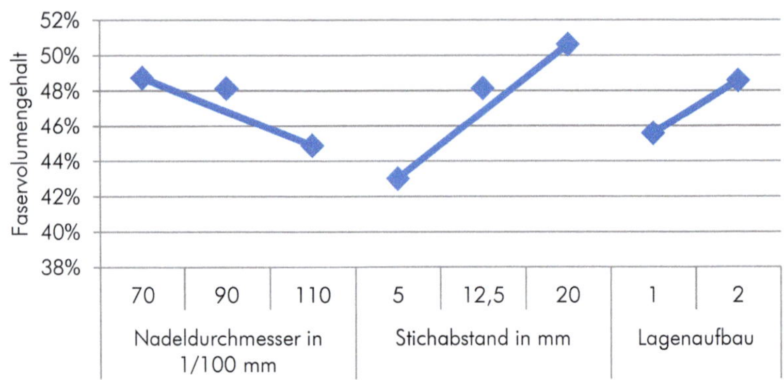


Abbildung 3-49: Effektdiagramm für den Faservolumengehalt (Veraschung)

Das Wechselwirkungsdiagramm in Abbildung 3-50 zeigt eine leichte Wechselwirkung zwischen Stichabstand und Nadeldurchmesser. Mit größerem Perforationsdurchmesser ist die Abnahme des FVG von 20 mm Stichabstand zu 5 mm Stichabstand etwas höher.

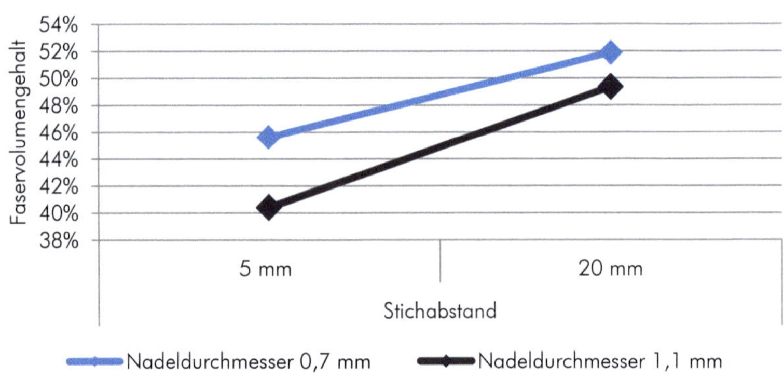


Abbildung 3-50: Wechselwirkungsdiagramm der Wechselwirkung zwischen Stichabstand und Nadeldurchmesser auf den Faservolumengehalt

Es ist zu erkennen, dass die Fertigungsparameter einen Einfluss auf den Faservolumengehalt der im Infusionsverfahren hergestellten FML haben. Insbesondere ein großer Abstand zwischen den Perforationen verhindert die gleichmäßige Durchtränkung der Laminate, wodurch ein höherer FVG im GFK-Anteil ermittelt wurde.

Der FVG der aus vorperforierten Folien der Aluminiumlegierung EN AW-2024 und Glasfasergelegen hergestellten Laminate liegt im Mittelwert zwischen 43,4 % und 47,6 % und ist damit deutlich geringer als der FVG der während des Vernähens der Halbzeuge perforierten FML. Die Unterschiede zwischen den an den unterschiedlichen Laminaten gemessenen Werten ist jedoch ebenfalls geringer und der Effekt des Perforationsabstands auf den FVG ist entsprechend ebenfalls geringer als bei den Laminaten aus direkt vernähten Halbzeugen. Dies kann auf eine gleichmäßigere Durchtränkung zurückgeführt werden, die zum einen durch die größeren Perforationen in den metallischen Lagen und zum anderen durch die Optimierung des Infusionsaufbaus ermöglicht wird. Des Weiteren sind keine Deformationen an den Perforationskanten im Metall zu finden, sodass keine Beeinflussung der Durchtränkung durch diese stattfindet.

## Ermittlung der Zugeigenschaften

Um den Einfluss der Perforationen auf die Materialeigenschaften zu untersuchen, wurden Zugversuche wurden in Anlehnung an DIN EN ISO 527-1 an Proben aus FML sowie an Proben aus perforierter Stahlfolie durchgeführt. Um die Auswirkungen der beim Vernähen der Laminate entstehenden Perforation auf die Eigenschaften der Metallfolien zu untersuchen, wurden unterschiedlich perforierte Stahlfolien im Zugversuch untersucht. Dazu wurden die Stahlfolien mit den in Abschnitt 3.2.2 beschriebenen Parametern perforiert. Zum Vergleich wurden zusätzlich auch Proben aus nicht perforierter Folie untersucht.

Während die Zugproben der nicht perforierten Metallfolien im Einspannbereich reißen, versagen die Prüfkörper der perforierten Folien zwischen den Einstichen. Die an Proben, die im Einspannbereich gerissen sind, gemessenen Kennwerte können nur als Anhaltswerte genutzt werden.

Die nicht perforierten Stahlfolien weisen jeweils die höchsten Werte für den Zugmodul und die Zugfestigkeit auf. Folien mit einer hohen Perforationsdichte (Stichabstand 5 mm) und großem Perforationsdurchmesser (Nadeldurchmesser 1,1 mm) wiesen jeweils die geringsten Kennwerte auf. Der Stichabstand hat dabei den größten Effekt auf den Zugmodul und die Zugfestigkeit der perforierten Stahlfolien. Der Einfluss des Perforationsdurchmessers ist ebenfalls deutlich erkennbar. Zudem besteht zwischen beiden Parametern eine hohe Wechselwirkung für den Einfluss auf die Zugeigenschaften.

Die Zugeigenschaften der gefertigten Faser-Metall-Laminate sowie eines reinen GFK-Laminats wurden ebenfalls in Zugversuchen ermittelt um den Einfluss der unterschiedlichen Fertigungsparameter auf die Laminateigenschaften untersuchen zu können. Viele Prüfkörper versagten dabei im Einspannbereich. Während der Prüfung einiger aus GFK und Stahlfolien gefertigten Proben versagten die Metallfolien bevor das gesamte Laminat versagte. Dieses Versagen ist im Spannungs-Dehnung-Diagramm durch einen Abfall der Kurve erkennbar. Da die Stahlfolien zwischen den Perforationen reißen, sind die Abfälle in der Spannungs-Dehnungs-Kurve unterschiedlich stark ausgeprägt. Der Abfall der Spannung durch Metallversagen ist bei den Proben mit 20 mm Stichabstand dadurch am höchsten. Bei den Prüfkörpern mit 5 mm Stichabstand ist oft kein oder ein geringer Abfall vor dem Versagen des Laminats zu sehen. Ein Prüfkörper des Laminats B020110 und ein Prüfkörper des Laminats A050070 nach dem Zugversuch sind in Abbildung 3-51 zu sehen. Es ist zu erkennen, dass sich die Stahlfolien während des Zugversuchs vom GFK lösen. Bei Proben mit 5 mm Stichabstand werden Stahlfolien und GFK-Lagen durch die Naht zusammengehalten. Während Metall und GFK bei den Proben mit 12,5 mm und 20 mm Stichabstand oft an unterschiedlichen Stellen versagen, liegen Faser- und Metallversagen bei Prüfkörpern mit 5 mm Stichabstand häufig räumlich nah beieinander.

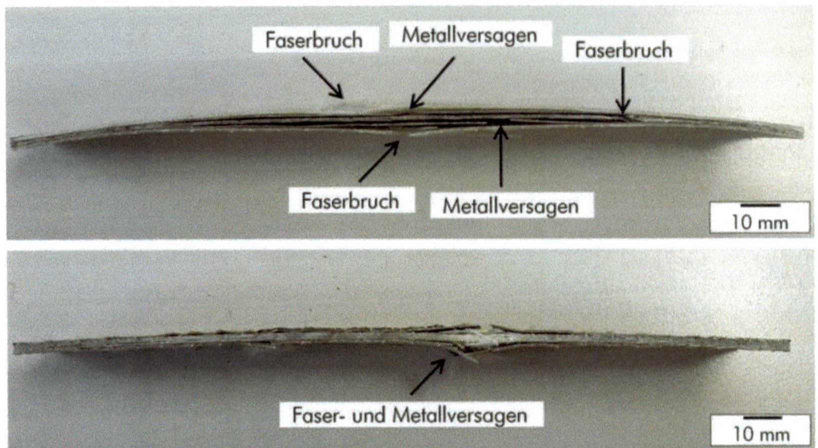


Abbildung 3-51: Versagensorte Zugprüfkörper. Versagen einer Zugprobe des Laminats B020110 (oben) und Versagen einer Zugprobe des Laminats A050070 (unten)

In Abbildung 3-52 sind die Mittelwerte der Zugmoduln für unterschiedliche FML sowie für Proben aus einer GFK-Referenzplatte dargestellt. Die Zugmoduln der FML-Proben waren größer als die der GFK-Proben, variieren jedoch in Abhängigkeit des Laminataufbaus sowie der Fertigungsparameter. Der Zugmodul des Laminats A200110 aus direkt vernähtem Halbzeug aus Glasfasergelegen und Stahlfolie war beispielsweise um 40,6 % höher als der Zugmodul des GFK-Laminats.

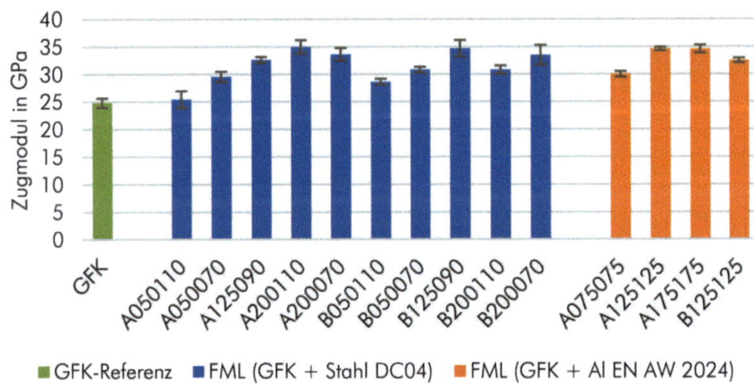


Abbildung 3-52: Zugmoduln (Mittelwerte) der Laminate

Den größten Effekt auf den Zugmodul hat der Perforationsabstand, wie im Effektdiagramm in Abbildung 3-53 zu erkennen. Dieser Effekt ist sowohl bei Proben aus GFK und Stahl als auch bei Proben aus GFK und Aluminiumlegierung sichtbar. Auch ein Einfluss des Perforationsdurchmessers auf den Zugmodul ist erkennbar, der Effekt ist jedoch weniger stark ausgeprägt als der der Perforationsabstands. Die Proben mit 5 mm haben im Schnitt einen geringeren Zugmodul, als die anderen Prüfkörper. Der Zugmodul dieser

Proben ist um 15 % geringer, als die Proben mit 12,5 mm Stichabstand, welche im Durchschnitt den höchsten Zugmodul aufweisen. Proben, die mit einer Nadel mit 1,1 mm Durchmesser perforiert wurden, haben geringere Werte, als die Proben der Laminate, die mit einer Nadel mit 0,7 mm Durchmesser genäht wurden. Auch für den Lagenaufbau konnte jeweils ein geringer Effekt ermittelt werden. Dabei ist jedoch zu erkennen, dass für die Proben aus GFK und Stahlfolie ermittelte wurde, dass die Laminate mit Lagenaufbau 2 geringfügig höhere Werte für den Zugmodul aufwiesen als Laminate mit Lagenaufbau 1. Die anhand der Proben aus FML aus GFK und Aluminiumlegierung ermittelten Werte weisen jedoch einen gegenteiligen Effekt auf. Die Zugmoduln der Proben mit Lagenaufbau 1 wiesen einen höheren Zugmodul auf als die mit Lagenaufbau 2. Es ist jedoch zu beachten, dass die anhand der Proben aus dieser Materialkombination ermittelten Effekte lediglich als Anhaltspunkte dienen können, da aufgrund der geringen Materialverfügbarkeit kein vollfaktorieller Versuchsplan umgesetzt werden konnte. Zudem wies das Laminat B125125 dieser Materialkombination einige trockene Stellen auf, wodurch möglicherweise die Laminateigenschaften beeinträchtigt wurden. Auch die unzureichende Anbindung der Lagen in den FML aus GFK uns Stahl könnte einen Einfluss auf die gemessenen Werte haben. Der Zusammenhang zwischen Lagenaufbau und Zugmodul sollte daher nochmals überprüft werden.

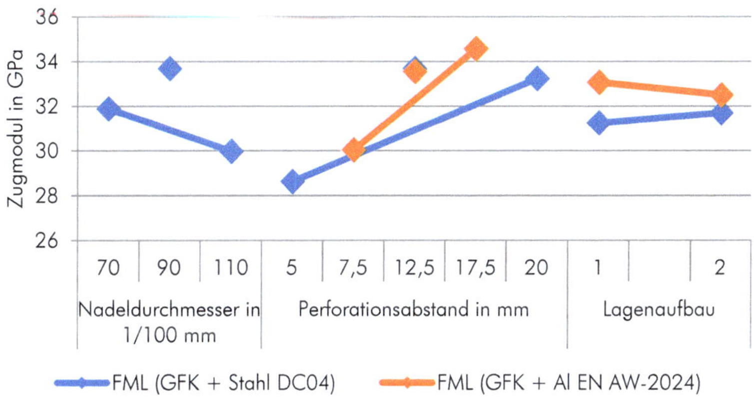


Abbildung 3-53: Effektdiagramme für den Zugmodul

Anhand der an Proben aus GFK und Stahl ermittelten Werte für den Zugmodul wurde zusätzlich ein Wechselwirkungsdiagramm für den Einfluss des Perforationsdurchmessers und des Perforationsabstands erstellt, das in Abbildung 3-54 zu sehen ist. Das Wechselwirkungsdiagramm zeigt, dass die Reduzierung des Zugmoduls durch einen größeren Perforationsdurchmesser mit geringerem Stichabstand deutlich zunimmt.

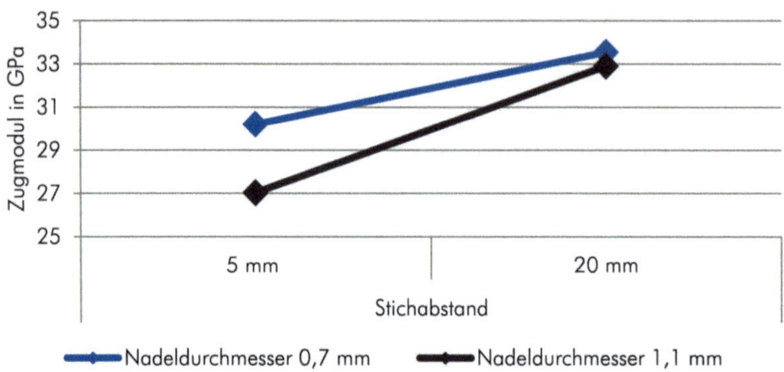


Abbildung 3-54: Wechselwirkungsdiagramm für die Wechselwirkung zwischen Stichabstand und Nadeldurchmesser auf den Zugmodul, ermittelt anhand der Messwerte für FML aus direkt vernähten Halbzeugen aus Glasfasergelegen und Stahlfolie

Es ist entsprechend davon auszugehen, dass eine Wechselwirkung zwischen den Parametern Perforationsdurchmesser und Perforationsabstand auf den Zugmodul besteht und beide Parameter als solche den Zugmodul der FML beeinflussen. In Abbildung 3-55 sind die Mittelwerte der Zugfestigkeiten für unterschiedliche FML sowie für Proben aus einer GFK-Referenzplatte dargestellt. Die Zugfestigkeiten der FML waren geringer als die der Proben aus GFK.

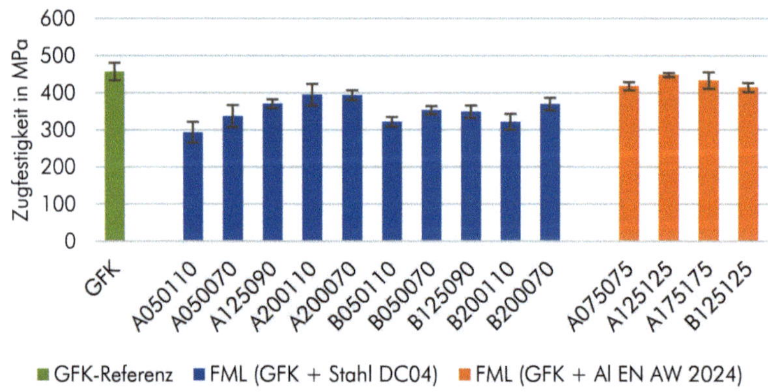


Abbildung 3-55: Zugfestigkeiten (Mittelwerte) der Laminate

In dem in Abbildung 3-56 dargestellten Effektdiagramm sind die Effekte der einzelnen Parameter auf die Zugfestigkeit zu sehen. Der Perforationsabstand weist den größten Effekt auf die Zugfestigkeit auf. Auch der Perforationsdurchmesser hat einen Effekt auf die Zugfestigkeit. Die gemessene Zugfestigkeit war bei Proben mit geringem Perforationsabstand und größerem Probendurchmesser im Mittel geringer als bei Proben mit hohem Perforationsabstand und geringem Perforationsdurchmesser. Die Werte für die Zugfestigkeit, die anhand der Proben aus Stahl und GFK ermittelt wurden, waren beispielsweise bei Laminaten mit einem Perforationsdurchmesser von 0,7 mm höher als bei Laminaten mit 1,1 mm Nadeldurchmesser. Das Laminat A050110 weist mit 35,82 % die höchste Reduzierung der Zugfestigkeit im Vergleich zu den GFK-Proben auf.

Die Zugfestigkeit sind zudem bei beiden Materialkombinationen bei Proben mit Lagenaufbau 1 tendenziell höher als bei Proben mit Lagenaufbau 2.

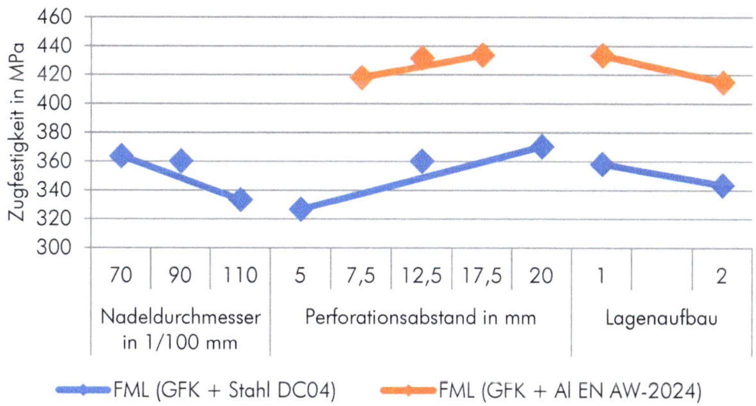


Abbildung 3-56: Effektdiagramme für die Zugfestigkeit

Es besteht demnach eine Wechselwirkung zwischen dem Perforationsdurchmesser und dem Perforationsabstand für die Zugfestigkeit der Laminate. Diese Wechselwirkung zwischen den Parametern ist jedoch weniger stark ausgeprägt als es bei dem Einfluss auf die Zugmoduln der Fall war. Das Wechselwirkungsdiagramm, das anhand der an Proben aus GFK und Stahl ermittelten Werte für die Zugfestigkeit erstellt wurde, ist in Abbildung 3-57 zu sehen.

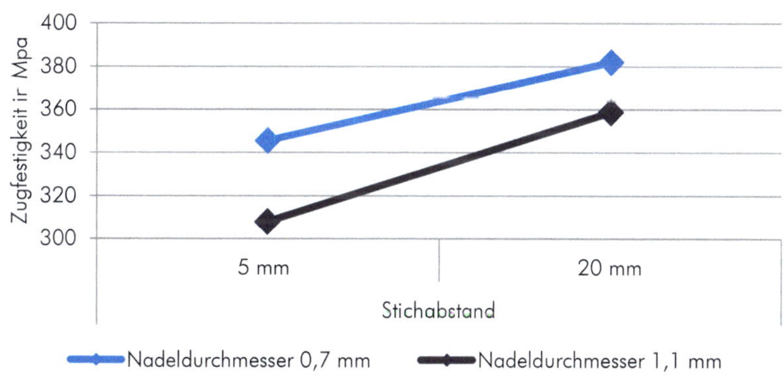


Abbildung 3-57: Wechselwirkungsdiagramm der Wechselwirkung zwischen Stichabstand und Nadeldurchmesser, ermittelt anhand der Messwerte für FML aus direkt vernähten Halbzeugen aus Glasfasergelegen und Stahlfolie

Es war festzustellen, dass die Fertigungsparameter, die zur Fertigung der hybriden Halbzeuge im textilen Prozess gewählt wurden, einen direkten Einfluss auf die Zugeigenschaften der infusionierten FML hatten. Im Vergleich zu den Proben aus reinen GFK-Laminaten wurde durch Integration der metallischen Lagen der Zugmodul erhöht, die Zugfestigkeit jedoch reduziert. Die durch die Perforationen in das Metall eingebrachten Schädigungen setzen sich direkt in den Eigenschaften der FML fort. Bei hoher Perforationsdichte und großem Perforationsdurchmesser werden sowohl der Zugmodul als auch die Zugfestigkeit reduziert. Die Zugfestigkeit der Laminate mit Lagenaufbau 1 war größer als die Zugfestigkeit der Laminate mit Lagenaufbau 2. Der Einfluss des Lagenaufbaus auf den Zugmodul konnte aufgrund widersprüchlicher Messwerte nicht abschließend beurteilt werden. Die Effekte der einzelnen Parameter auf die Kennwerte der FML waren bei den Proben aus GFK und Stahl deutlicher abzulesen als bei den Proben aus GFK und Al EN AW-2024.

## Untersuchung der Biegeeigenschaften

Zur Untersuchung der Biegeeigenschaften der hergestellten FML sowie zur Analyse des Einflusses der Fertigungsparameter auf diese wurden Dreipunkt-Biegeversuche in Anlehnung an DIN EN ISO 14125 durchgeführt.

Während der Dreipunkt-Biegeversuche an Proben aus GFK und Stahl kam es bei fast allen Proben zur Delamination Lagen. An den Nahtstellen hingegen wurden die Lagen zusammengehalten und die Delamination aufgehalten. In Abbildung 3-58 sind die Ablösungen der Metallschichten in einer Probe Laminate mit 20 mm Stichabstand des Lagenaufbaus 1 während des Biegeversuchs zu sehen. Dass die Delamination von der Naht begrenzt wird, ist in Abbildung 3-59 zu sehen. Diese zeigt den Biegeversuch an einem eine Prüfkörper mit 5 mm Nahtabstand. Hier sind keine Delamination in der Nähe der Biegefinne zu sehen.

Abbildung 3-58: Delamination der oberen Metallschicht im Drei-Punkt-Biegeversuch bei Prüfkörpern mit Lagenaufbau 1 und 20 mm Stichabstand

Abbildung 3-59: Biegeprobe des Laminats A050070 während des Biegeversuchs

Vergleichend sind in Abbildung 3-60 und Abbildung 3-61 Biegeversuche an Proben aus FML mit unterschiedlicher Materialzusammensetzung gegenübergestellt. In Abbildung 3-60 ist die Delamination der Metallschichten in einer Probe aus GFK und Stahl aus einem mit einem Stichabstand von 12,5 mm vernähten Halbzeug zu sehen. Eine Probe mit gleichem Lagenaufbau und gleichem Stichabstand aus GFK und Aluminiumlegierung ist in Abbildung 3-61 zu sehen. Diese zeigt während des Biegeversuchs keine Delaminationen zwischen den einzelnen Lagen.

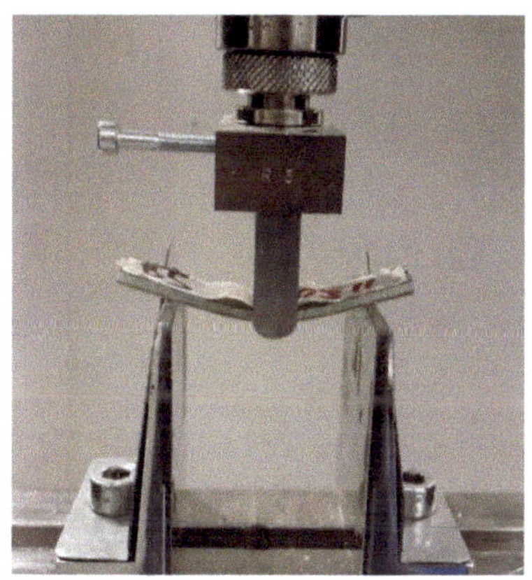

Abbildung 3-60: Delamination der oberen Metallschicht im Drei-Punkt-Biegeversuch bei Prüfkörpern mit Lagenaufbau 1 und 12,5 mm Stichabstand aus direkt vernähten Halbzeugen aus GFK und Stahl

Abbildung 3-61: Drei-Punkt-Biegeversuch bei Prüfkörpern mit Lagenaufbau 1 und 12,5 mm Stichabstand aus nach Vorperforation vernähten Halbzeugen aus GFK und Aluminiumlegierung

Während die meisten Prüfkörper aus Stahl und GFK delaminierten, entstanden an den Prüfkörpern der Laminate mit einem Stichabstand von 5 mm Risse zwischen den Perforationen in der Stahlfolie, wie in Abbildung 3-62 zu sehen.

Abbildung 3-62: Riss in einer Biegeprobe des Laminats A050110 (Harzschicht wurde nach dem Versuch entfernt, um Riss in Stahlfolie sichtbar zu machen)

Bei Proben aus GFK und Stahlfolie mit Lagenaufbau 2 und 12,5 mm und 20 mm Stichabstand kam es zu hohen Durchbiegungen ohne Bruchversagen. Eine derartig verlaufende Prüfung ist in Abbildung 3-63 zu sehen.

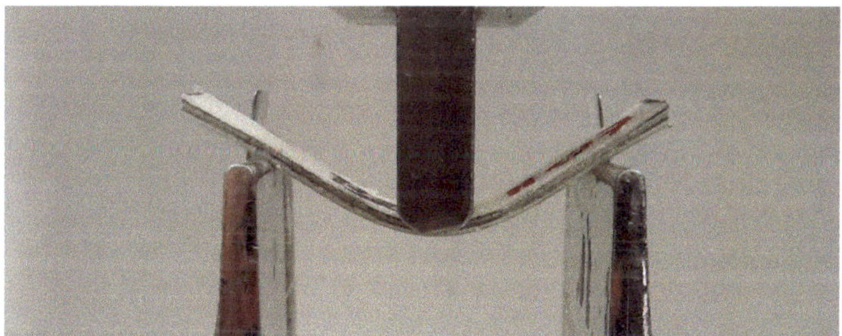

Abbildung 3-63: Durchbiegung eines Biegeprüfkörpers des Laminats B200070

In Abbildung 3-64 ist ein derartiger Prüfkörper nach dem Biegeversuch zu sehen. Die einzelnen Schichten des Laminats haben sich voneinander gelöst. Bei den Prüfkörpern aus GFK und Stahl mit 12,5 mm und 20 mm Stichabstand kam es teilweise zusätzlich zu Versagen der Naht. Dieses Verhalten war sowohl bei Proben mit Lagenaufbau 2 als auch beim Proben mit Lagenaufbau 1 zu sehen.

Abbildung 3-64: Biegeprobe des Laminats B200070 nach dem Versuch. Delamination einzelner Schichten und Versagen der Nahtstellen

Derartige Delamination konnten bei Proben aus GFK und Folien aus Aluminiumlegierung nicht beobachtet werden.

Die gemessenen Biegemoduln der verschiedenen untersuchten Laminate sind in Abbildung 3-65 dargestellt. Die gemessenen Werte waren bei den Laminaten aus GFK und Stahlfolie geringer als bei der GFK-Referenzplatte. Bei Proben aus GFK und Folien aus Aluminiumlegierung mit Lagenaufbau 1 wurden höhere Werte, bei Proben mit Lagenaufbau 2 geringere Werte für den Biegemodul ermittelt als bei reinen GFK-Laminaten.

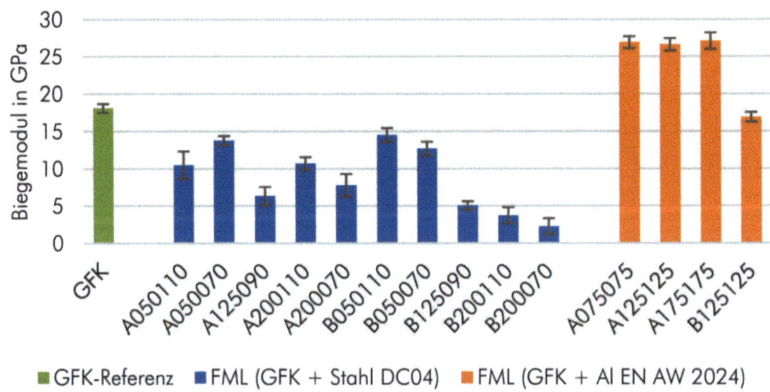


Abbildung 3-65: Biegemodul der Laminate (Mittelwerte)

Der Einfluss der Fertigungsparameter auf den Biegemodul ist in Abbildung 3-66 in einem Effektdiagramm dargestellt. Im Durchschnitt weisen die Prüfkörper mit Lagenaufbau 1 einen höheren Biegemodul auf als Proben mit Lagenaufbau 2. Dieser Effekt war bei den an Proben aus GFK und Aluminiumlegierung deutlicher zu erkennen als bei denen aus GFK und Stahl. Den größten Effekt auf den an Proben aus GFK und Stahl gemessenen Biegemodul hatte der Perforationsabstand. Der Biegemodul der Proben mit 5 mm Stichabstand war im Durchschnitt 2,1-mal so hoch wie der der Biegemodul der Proben mit 20 mm Stichabstand. Dieser Einfluss des Perforationsdurchmessers war bei

Proben aus GFK und Aluminiumfolie nicht zu erkennen. Der Einfluss des Perforationsdurchmessers war sehr gering.

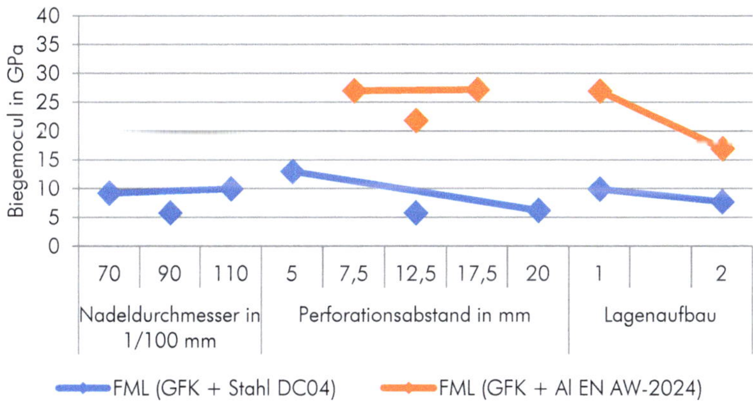


Abbildung 3-66: Effektdiagramm für den Biegemodul

In Abbildung 3-67 ist ein Wechselwirkungsdiagramm zu sehen, das anhand der Werte der Proben aus GFK und Stahl erstellt wurde. Das Wechselwirkungsdiagramm zeigt, dass der Biegemodul bei 20 mm Stichabstand mit 1,1 mm Nadeldurchmesser höher ist, als mit 0,7 mm Nadeldurchmesser. Bei 5 mm Stichabstand ist der Biegemodul allerdings bei 0,7 mm Nadeldurchmesser höher.

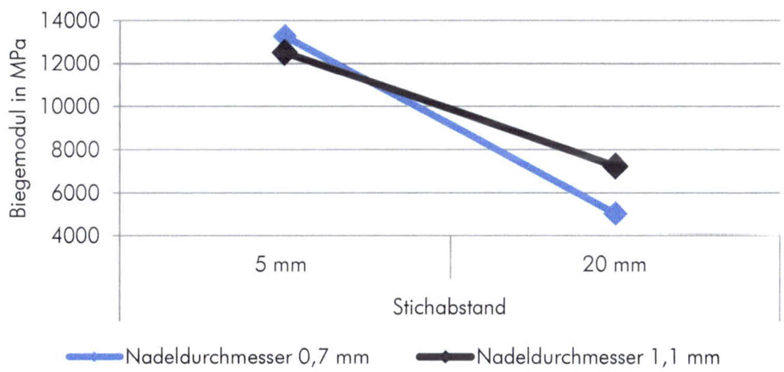


Abbildung 3-67: Wechselwirkungsdiagramm für die Wechselwirkung zwischen Stichabstand und Nadeldurchmesser auf den Biegemodul, ermittelt anhand der Messwerte für FML aus direkt vernähten Halbzeugen aus Glasfasergelegen und Stahlfolie

Die Biegefestigkeiten der Laminate sind in Abbildung 3-68 dargestellt. Die FML aus GFK und Stahlfolie wiesen geringere Biegefestigkeiten auf als die GFK-Referenzproben, die FML aus GFK und Aluminiumlegierung wiesen hingegen höhere Biegefestigkeiten auf. Die an Proben mit Lagenaufbau 1 gemessenen Werte waren zudem im Mittel höher als die an Proben mit dem Lagenaufbau 2 gemessenen Werte.

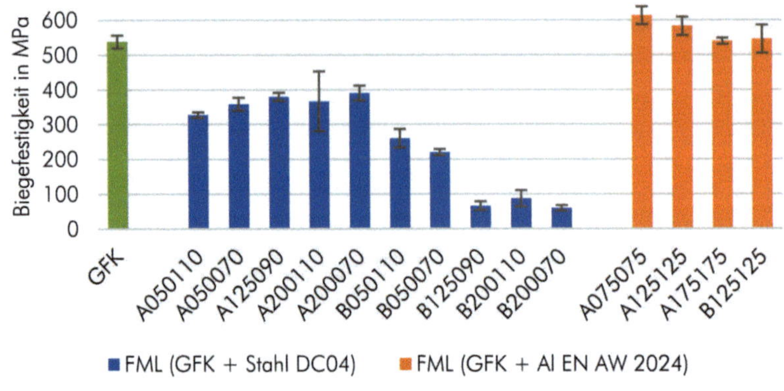


Abbildung 3-68: Biegefestigkeit der Laminate (Mittelwerte)

Im Effektdiagramm, das in Abbildung 3-69 zu sehen ist, ist der Einfluss der Fertigungsparameter auf die Biegefestigkeit zu sehen. Die gemessene Biegefestigkeit war im Mittel bei Proben mit einem geringen Stichabstand höher als bei Proben mit hohem Stichabstand. Der Effekt des Stichabstands auf die Biegefestigkeit war bei den an Proben aus GFK und Aluminiumlegierung gemessenen Werten der größte Effekt. Der ermittelte Effekt für den Lagenaufbau war bei diesen Proben geringer. Den größten Effekt auf die Biegefestigkeit der FML aus GFK und Stahl hatte der Lagenaufbau. Die Werte des Lagenaufbaus 1 waren dabei 2,6-mal so hoch wie die Werte des Lagenaufbaus 2. Bei Betrachtung des Lagenaufbaus 2 fällt auf, dass die Prüfkörper mit 5 mm Stichabstand deutlich höhere Werte aufweisen, als die Prüfkörper der Laminate mit 20 mm beziehungsweise 12,5 mm Stichabstand. Durch das Vernähen mit 5 mm Stichabstand kann die Biegefestigkeit des Lagenaufbaus 2 somit auf das 3,3-fache der Biegefestig der Proben mit 20 mm Stichabstand gesteigert werden. Der Effekt des Perforationsdurchmessers war kaum erkennbar.

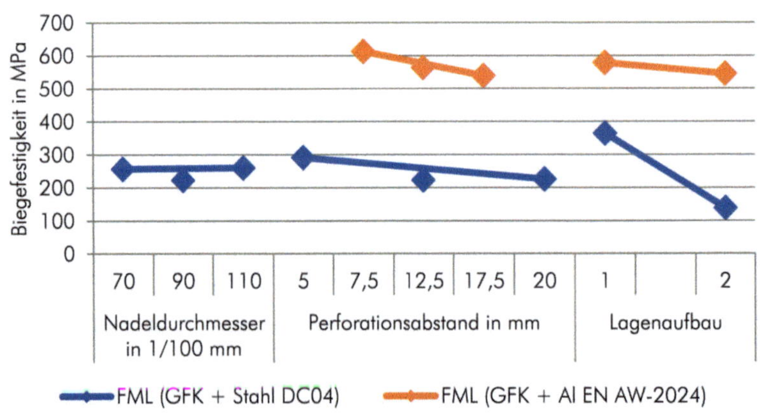


Abbildung 3-69: Effektdiagramm für die Biegefestigkeit

In Abbildung 3-70 ist das Wechselwirkungsdiagramm für die Wechselwirkung des Stichabstands und des Nadeldurchmessers bezogen auf die Biegefestigkeit dargestellt, das anhand der für Proben aus GFK und Stahl ermittelten Werte erstellt wurde. Zwischen den Werten besteht fast keine Wechselwirkung.

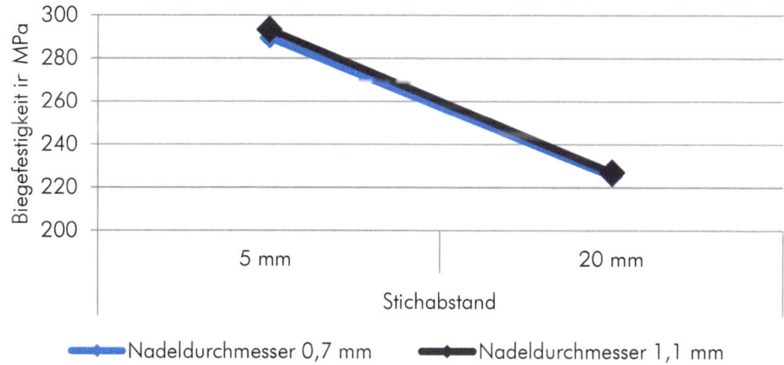


Abbildung 3-70: Wechselwirkungsdiagramm für die Wechselwirkung zwischen Stichabstand und Nadeldurchmesser auf die Biegefestigkeit

Zu erkennen war, dass sowohl der Biegemodul als auch die Biegefestigkeit durch eine höhere Stichdichte erhöht werden konnten. Dies wurde darauf zurückgeführt, dass die einzelnen Lagen durch die Nahtpunkte aneinander fixiert und die Ausbreitung von Delaminationen reduziert werden kann. Für die Biegeeigenschaften der Proben mit Lagenaufbau 2 wurden geringere Werte gemessen als für Proben mit Lagenaufbau 1. Dies wurde auf das unterschiedliche Biegeverhalten der einzelnen Komponenten zurückgeführt, das an den Grenzflächen zwischen GFK und Metall zu Abscherungen und Verschiebungen führen kann. Die Proben mit Lagenaufbau 2 weisen vier Grenzflächen von GFK und Metallfolie auf, während die Proben mit Lagenaufbau 1 lediglich zwei dieser Grenzflächen aufweisen. Bei den Proben aus GFK und Aluminiumlegierung wurden zudem lediglich die äußeren textilen Lagen mit den angrenzenden Metallfolien vernäht, während die mittlere textile Lage nicht mit den anderen Lagen vernäht wurde. Die Effekte der einzelnen Parameter auf die Biegekennwerte waren bei Laminaten aus GFK und Stahl deutlich stärker festzustellen als bei Laminaten aus GFK und Aluminiumlegierung. Ein Grund könnten die durch unzureichende Oberflächenanbindung entstehenden Delaminationen zwischen GFK und Stahlfolie darstellen. Bei diesen Proben bilden die Nahtpunkte einzelne Fixierungen zwischen den Lagen, die direkt die gemessenen Werte bei Durchbiegung beeinflussen. Derartige Delaminationen traten bei den Proben aus GFK und Aluminiumlegierung aufgrund der Oberflächenbehandlung der Metallfolie nicht auf, die Lagen sind durch die Anhaftung der Flächen aneinander unabhängig von den Nahtpunkten bereits ausreichend verbunden. Zudem wurde zum direkten Vernähen der Halbzeuge aus Glasfasergelegen und Stahlfolie ein Aramid-Nähgarn verwendet, das eine stärkere Verstärkungswirkung hat als das zum Vernähen der Halbzeuge aus vorperforierten Folien aus Al EN AW-2024 verwendete Polyestergarn. Zu beachten ist jedoch, dass die anhand der Proben aus GFK und Aluminiumlegierung gemessenen Werte und ermittelten Effekte lediglich Anhaltspunkte bieten, da kein vollfaktorieller Versuchsplan umgesetzt wurde.

## Prüfung der Schlagzähigkeit

Die Untersuchung der Schlagzähigkeit zielt vor allem auf die dargelegten Vorteile der FML und die Eignung dieser für den Einsatz in Strukturen, die starken Schlagbelastungen ausgesetzt werden. Die Ermittlung der Charpy-Schlagzähigkeit erfolgte in Anlehnung an die Norm DIN EN ISO 179-1.

In den Charpy-Schlagbiegeversuchen kam es zu unterschiedlichen Versagensarten der Prüfkörper, welche in Abbildung 3-71 dargestellt sind.

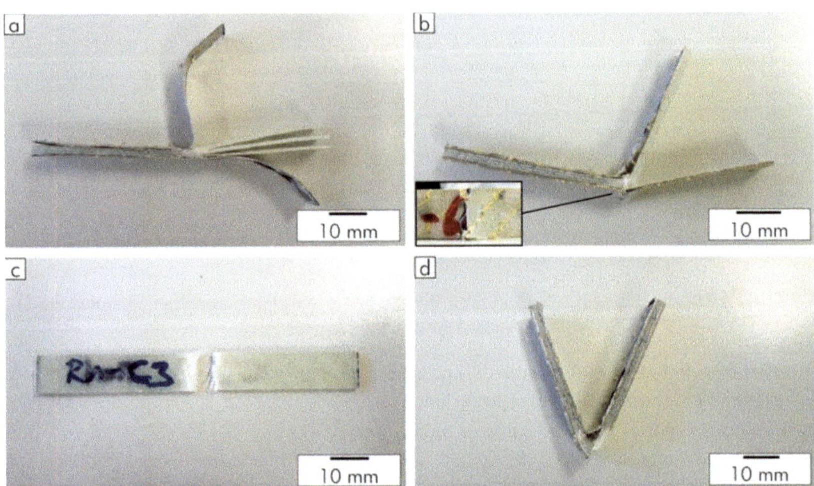


Abbildung 3-71: Versagensarten im Charpy-Schlagbiegeversuch, dargestellt anhand von Prüfkörpern aus GFK und Stahl sowie reinen GFK-Prüfkörpern: Vielfachscheren (a), Scheren gefolgt von Zugversagen (b), vollständiger Bruch (c) und Scharnierbruch (d)

Die Prüfkörper aus GFK und Stahl des Lagenaufbaus 1 versagten hauptsächliche durch Scheren gefolgt von Zugversagen, teilweise auch durch Vielfachscheren. Eine Ausnahme bilden die Prüfkörper des Laminats A050110. Diese versagten durch Scharnierbrüche. Die Prüfkörper des Lagenaufbaus 2 versagten fast ausschließlich durch Vielfachscheren. Nur bei einigen Prüfkörpern des Laminats B050110 kam es zu Scheren gefolgt von Zugversagen.

Die Prüfkörper aus GFK und Folien aus Al EN AW-2024 versagten durch Scheren oder durch Scheren gefolgt von Zugversagen.

Bei den Prüfkörpern der GFK-Platte kam es am meisten zu einem vollständigen Bruch, aber teilweise auch zu Vielfachscheren.

In Abbildung 3-72 sind die Mittelwerte der Charpy-Schlagzähigkeit dargestellt. Die gemessenen Werte der Charpy-Schlagzähigkeit von FML aus GFK und Stahlfolie lagen teilweise oberhalb und teilweise unterhalb der an reinen GFK-Proben gemessenen Werte. Die FML-Proben aus GFK und Aluminiumlegierung hatten eine höhere Charpy-Schlagzähigkeit als die GFK-Referenzproben.

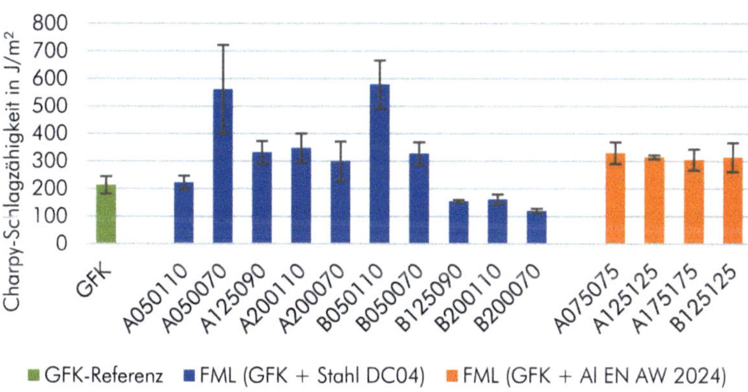


Abbildung 3-72: Charpy-Schlagzähigkeit der Laminate (Mittelwerte)

Das in Abbildung 3-73 gezeigte Effektdiagramm zeigt den ermittelten Einfluss der Fertigungsparameter auf die Charpy-Schlagzähigkeit. Dabei ist zu erkennen, dass anhand der Messwerte der Proben aus GFK und Stahl deutlich größere Effekte für die einzelnen Parameter auf die Schlagzähigkeit ermittelt wurden als anhand der Messwerte der Proben aus GFK und Aluminiumlegierung. Es ist jedoch zu beachten, dass die an FML-Proben aus GFK und Stahl ermittelten Messwerte zum Teil erhebliche Streuungen aufweisen, wie in Abbildung  zu erkennen. Das Effektdiagramm kann daher lediglich als Überbilick genutzt werden und nicht dazu dienen, absolute Aussagen über die Effekte zu treffen. Den größten Effekt auf die Charpy-Schlagzähigkeit hatte der Stichabstand. Ein geringerer Stichabstand führt zu einer höheren Charpy-Schlagzähigkeit. Die Charpy-Schlagzähigkeit der Proben aus GFK und Stahl mit 5 mm Stichabstand ist 1,8-mal so hoch wie die Charpy-Schlagzähigkeit der Proben mit derselben Materialzusammensetzung mit 20 mm Stichabstand. Der Faktor, der für die FML-Proben aus GFK und Al EN AW-2024 ermittelt wurde, beträgt lediglich 1,1. Im Durchschnitt weisen die Laminate des Lagenaufbaus 1 höhere Werte auf als Lagenaufbau 2. Dieser Effekt ist bei den Proben aus GFK und Stahl deutlich ausgeprägt, während bei Proben aus GFK und der Aluminiumlegierung kein Effekt erkennbar ist. Der Einfluss des Perforationsdurchmessers ist sehr gering.

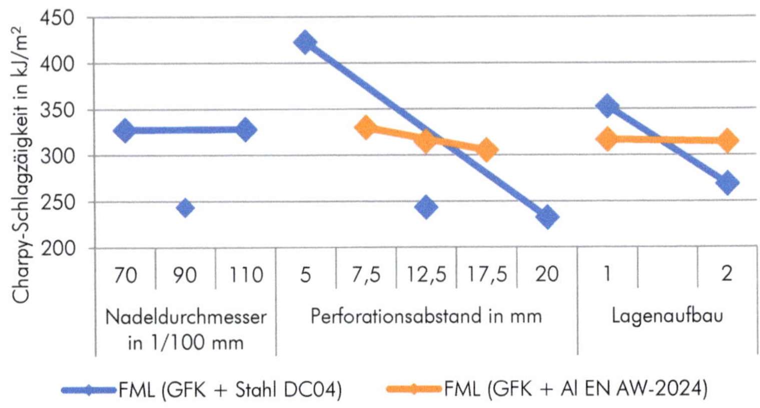


Abbildung 3-73: Effektdiagramm für die Schlagzähigkeit nach Charpy

In Abbildung 3-74 ist ein Wechselwirkungsdiagramm für die Wechselwirkung zwischen Stichabstand und Perforationsdurchmesser zu sehen, das anhand der an Proben aus GFK und Stahl ermittelten Werte erstellt wurde. Das Wechselwirkungsdiagramm zeigt, dass die Charpy-Schlagzähigkeit bei 20 mm Stichabstand bei 1,1 mm Nadeldurchmesser höher ist als mit 0,7 mm Nadeldurchmesser. Bei 5 mm Stichabstand hingegen sind die Werte für 0,7 mm Nadeldurchmesser höher als bei 1,1 mm.

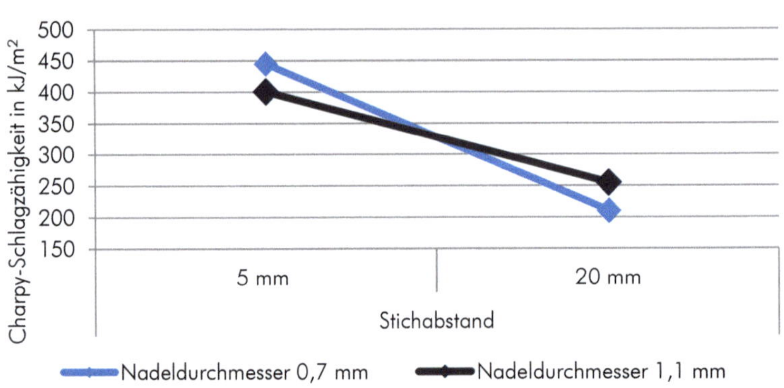


Abbildung 3-74: Wechselwirkungsdiagramm der Wechselwirkung zwischen Stichabstand und Nadeldurchmesser auf die Charpy-Schlagzähigkeit

Insgesamt war zu erkennen, dass der Stichabstand und der Lagenaufbau einen Einfluss auf die Charpy-Schlageigenschaften der FML haben können, der Einfluss der Perforationsdurchmessers war gering. Die Effekte, die ermittelt werden konnten, waren für die Proben aus GFK und Stahl deutlich höher als für die Proben aus GFK und Aluminiumlegierung. Dieser Einfluss der Materialkombination ist zu klären. Möglicherweise kann er auf die unterschiedliche Qualität der Oberflächenanbindung zwischen Metalllagen und GFK zurückgeführt werden. Zudem wurden die Halbzeuge aus Glasfasern und Stahlfolie mit einem Nähgarn aus Aramid vernäht, das in der infusionierten Struktur möglicherweise Pins ausbildet, die eine höhere Schlagzähigkeit im Laminat induzieren. Zudem ist zu beachten, dass die anhand der Proben aus GFK und Aluminiumlegierung gemessenen Werte und ermittelten Effekte lediglich Anhaltspunkte bieten, da kein vollfaktorieller Versuchsplan umgesetzt wurde.

## Ermittlung der interlaminaren Scherfestigkeit als Maß der Anbindung zwischen dem Kunststoff und der Metalllage

Wie in Abschnitt 3.2 beschrieben, wurde davon ausgegangen, dass die interlaminare Anbindung der einzelnen Laminatschichten der vernähten Laminate im Vergleich zu nicht vernähten erhöht und dadurch die Delaminationsneigung verringert werden könnte. Um diese Annahme untersuchen zu können, wurde die interlaminare Energiefreisetzungsrate in Anlehnung an DIN EN 6033 untersucht. Dazu wurden Proben aus Al EN AW-2024 und GFK sowie Vergleichsproben aus GFK ohne metallische Lagen entsprechend Tabelle 3-9 (Abschnitt 3.2.2) hergestellt. Es wurden neben Laminaten aus vernähten Halbzeugen auch Laminate ohne Naht untersucht. Diese wurden aus Glasfasergelegen und Metallfolien, die im Abstand von 12,5 mm perforiert waren, hergestellt. Die Vergleichsproben aus GFK wurden mit einem Stichabstand von 12,5 mm vernäht. In die Laminat-Halbzeuge wurden vor der Infusion Trennstreifen aus PTFE-Folie eingebracht, die der Initiierung eines Anrisses während der Materialprüfung dienen sollten. Diese Trennfolien wurden bei den vernähten Proben zwischen den jeweils vernähten Lagen eingebracht, bei den nicht vernähten Laminaten erfolgte die Integration an äquivalenter Stelle. In Abbildung 3-75 ist die Prüfung an einer FML Probe aus vernähten Halbzeugen abgebildet. Die Prüfung einer Probe aus nicht vernähtem GFK ist in Abbildung 3-76 zu sehen.

Abbildung 3-75: Prüfung der interlaminaren Energiefreisetzungsrate an einem FML aus vernähten Hybrid-Halbzeugen

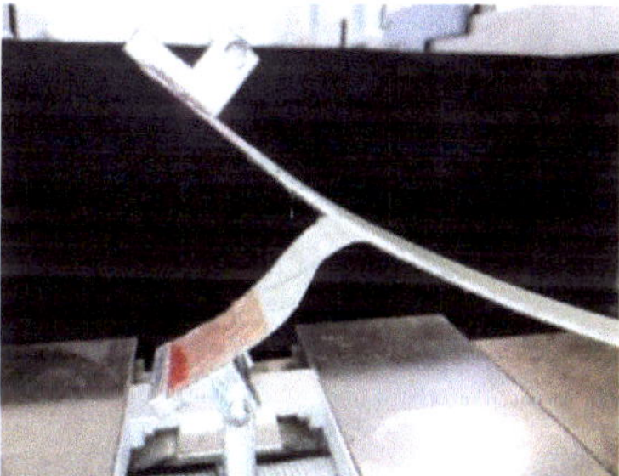

Abbildung 3-76: Prüfung der interlaminaren Energiefreisetzungsrate an einem nicht vernähten GFK-Laminat ohne Vernähung

Die gemessenen Werte für die interlaminare Energiefreisetzungsrate sind in Abbildung 3-77 dargestellt. Dabei ist zu erkennen, dass die Standardabweichungen zum Teil sehr groß sind. Diese Problematik ergibt sich aus einer sehr geringen Anzahl der verwertbaren Proben. Zum Teil ist das auf die Proben aufgebrachte Scharnier nach abgerissen, bevor der Versuch vollständig durchgeführt und die Langen auf einer ausreichenden Messlänge voneinander getrennt waren. Weitere Versuche mit gültigen Proben würden hier zu einer Erhöhung der Aussagekraft der Ergebnisse beitragen.

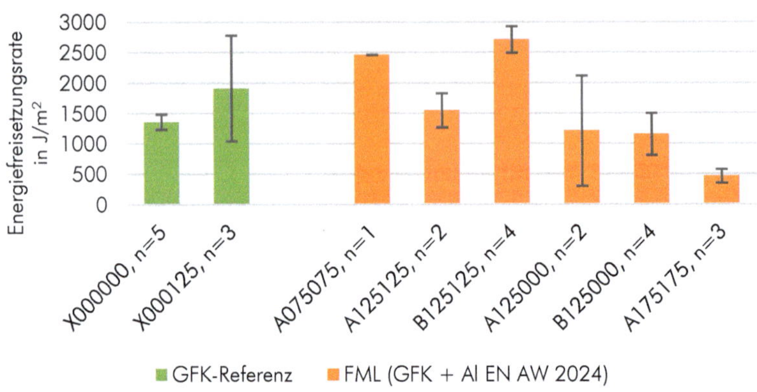


Abbildung 3-77: Interlaminare Energiefreisetzungsrate der Laminate (Mittelwerte)

Dennoch sind einige Effekte zu erkennen. Der Vergleich der mit unterschiedlichem Stichabstand vernähten Laminate A075075, A125125 und A175175 weist darauf hin, dass eine höhere Stichdichte zu einer deutlichen Erhöhung der interlaminaren Anbindung führen kann. Die vernähten Laminate weisen im Mittel eine höhere Energiefreisetzungsrate auf als nicht vernähte Laminate. Die mit einem Stichabstand von 12,5 mm vernähten Laminate mit Lagenaufbau 1 (A125125) weisen eine höhere Energiefreisetzungsrate auf als die mit gleichem Abstand perforierten jedoch nicht vernähten Laminate (A125000). Der Effekt kann beim Vergleich der Proben mit Lagenaufbau 2 und einer Naht mit dem Stichabstand von 12,5 mm (B125125) und den entsprechenden nicht vernähten Vergleichsproben (B125000) noch deutlicher beobachtet werden. Auch der Vergleich der Proben aus dem nicht vernähten GFK-Laminat X000000 mit den Proben aus dem vernähten Laminat X000125 bestätigt diesen Effekt. Die Prüfung der Laminate mit Lagenaufbau 1 und 2 unterscheidet sich lediglich darin, ob die Metall- oder die GFK-Lage abgeschält wird. Dennoch weisen die vernähten Proben mit Lagenaufbau 2 (B125125) eine deutlich höhere Energiefreisetzungsrate auf als die vernähten Proben mit Lagenaufbau 1 (A125125). Anhand der Mittelwerte der entsprechenden nicht vernähten Proben A125000 und B125000 kann jedoch kaum ein Unterschied ermittelt werden. Hier würde eine weitere Testreihe mit einer höheren Probenanzahl und einer geringeren Standardabweichung zur Klärung der Effekte beitragen. Es ist jedoch zu beachten, dass die Aussagekraft der beschriebenen Effekte aufgrund der hohen Streuung sowie der starken Streuung der Messergebnisse nicht abschließend bewertet und bestätigt werden kann. Die Messwerte und abgeleiteten Effekte können daher lediglich als Anhaltswerte dienen.

## Zusammenfassende Bewertung der Versuchsergebnisse der Laborprüfungen

Im Rahmen der Laboruntersuchungen wurden verschiedene Laminateigenschaften vergleichend untersucht.

Ein geringer Porenanteil und die gleichmäßige Verteilung des FVG in den Proben lässt darauf schließen, dass es generell möglich ist, FML mithilfe des gewählten Verfahrens herzustellen. Der festgestellte Porenanteil lag in allen untersuchten Proben bei unter 1 % und ist als sehr gering einzustufen. Laminate, mit geringem Perforationsdurchmesser und hohem Stichabstand weisen im Durchschnitt den höchsten Porenanteil auf. Der FVG der FML variiert zwischen den verschiedenen Herstellungsparametern. Es ist zu erkennen, dass der FVG der Laminate mit Lagenaufbau 2 tendenziell höher ist als der der Platten mit Lagenaufbau 1. Zudem ist der FVG bei großem Perforationsdurchmesser und geringem Stichabstand geringer als bei umgekehrten Nähparametern.

Der Vergleich der mechanischen Eigenschaften zeigt, dass sowohl der Lagenaufbau als auch die Nahtparameter einen Einfluss auf die Performance des Materials aufweisen. Verglichen mit dem GFK-Laminat weisen die FML eine höhere Steifigkeit und eine geringere Zugfestigkeit auf. Der Einfluss des strukturellen Nähens auf die mechanischen Eigenschaften war erkennbar. Die Charpy-Schlagzähigkeit sowie der Biegemodul und die Biegefestigkeit sind beispielsweise bei einem Stichabstand von 5,0 mm am höchsten. Die Zugfestigkeit und der Zugmodul werden mit hoher Stichdichte und großem Perforationsdurchmesser reduziert. Die Anbindung der Lagen im Laminat konnte durch das Vernähen verbessert werden. Speziell bei einer Vernähung mit geringem Stichabstand wurden hohe Werte für die interlaminare Energiefreisetzungsrate ermittelt.

### 3.4.2 REM, CT, Ultraschall

Neben den zerstörenden Prüfungen sollten die Laminate auch mithilfe zerstörungsfreier Prüfmethoden untersucht werden. Dazu wurden zunächst Ultraschall-Untersuchungen durchgeführt.

#### Ultraschall-Untersuchung

Faserverstärkte Kunststoffe können mithilfe von Ultraschalluntersuchungen auf Fehlstellen geprüft werden, wobei die Anforderungen an die Prüfungen komplexer sind als bei der Untersuchung von Metallen [57]. In Faserverbundstrukturen wird die Prüfung durch wechselnde Schallgeschwindigkeiten, Inhomogenität und Anisotropie beeinflusst [57]. Zur Darstellung der Prüfergebnisse aus Faserverbundstrukturen wird am häufigsten die sogenannte C-Bild-Darstellung, die einer Projektion auf eine Draufsicht des Prüfstücks entspricht, verwendet [57]. Die Prüffrequenzen werden in Abhängigkeit von der Materialdicke gewählt [57]. Zur Prüfung von CFK-Bauteilen mit einer Dicke zwischen 3 mm und 4 mm können beispielsweise Frequenzen von 20 MHz bis 30 MHz eingesetzt werden, um gute Ergebnisse zu erzielen und auch kleine Fehlstellen mit einem Durchmesser von 0,2 mm nachweisen zu können [57].

Die Anwendung der zerstörungsfreien Prüfung der inhomogene Struktur der alternierenden Metall- und Glasfaserschichten in FML stellt jedoch eine große Herausforderung dar [58]. Dennoch werden Teile der Außenhaut des A380 aus GLARE® gefertigt und eine zerstörungsfreie 100 % - Prüfung angestrebt [58]. Dabei wird die Squirter-Technik ("C-Scan") eingesetzt, um Defekte (Delaminationen, Einschlüsse, Porositäten bei Laminaten) zu ermitteln [58]. Die Bewertung der C-Scan-Datendateien wird computergestützt an den GLARE®-Produktionsstandorten Airbus Nordenham und Storch Fokker, Papendrecht ausgeführt [58]. Für die Prüfung von GLARE®-Laminaten aus mindestens drei Lagen Metallfolie und zwei Lagen GFK werden dabei Testfrequenzen zwischen 1 MHZ und 2,25 MHz eingesetzt [58].

Um die Möglichkeit zu untersuchen, die im Rahmen des Projekts hergestellten FML mithilfe von Ultraschall auf Fehlstellen zu untersuchen, wurde das Ultraschallprüfgerät „PROlineUSB" der Firma VOGT Ultrasonics GmbH verwendet. Als Einkoppelmedium wurde Wasser verwendet. Zur Untersuchung der Laminate wurde ein fokussierter Hochfrequenzkopf mit 10 MHz verwendet. Diese Frequenz liegt deutlich oberhalb der von Airbus zur Prüfung von GLARE® [58] verwendeten jedoch unter der von Hillger und von Wachter [57] zur Prüfung von CFK-Laminaten mit ähnlicher Dicke vorgeschlagenen Frequenz. Im Rahmen der Untersuchungen hat sich gezeigt, dass es möglich ist, einen Scan an dem FML durchzuführen und eine C-Bild-Darstellung der Ergebnisse zu erzeugen.

Im Folgenden wird die Untersuchung eines Laminatabschnitts aus einem im Infusionsverfahren hergestellten FML dargestellt. Das Laminat mit dem Lagenaufbau 1 (Metallfolien außen, GFK in der Mitte) wurde aus drei Glasfasergelegelagen und zwei perforierten Metallfolien hergestellt. Der Perforationsabstand in der Metallfolie betrug 12,5 mm. Zwischen den Metallfolien und den angrenzenden GFK-Lagen war im nicht perforierten Randbereich eine Trennfolie aus PTFE integriert. In Abbildung 3-78 ist der Prüfaufbau mit dem fixierten Laminat und dem Prüfkopf zu sehen. Der geprüfte Ausschnitt des Laminats enthält sowohl Bereiche, in denen die Metallfolie perforiert ist als auch Rand-Bereiche, in denen die Folie nicht Perforiert ist.

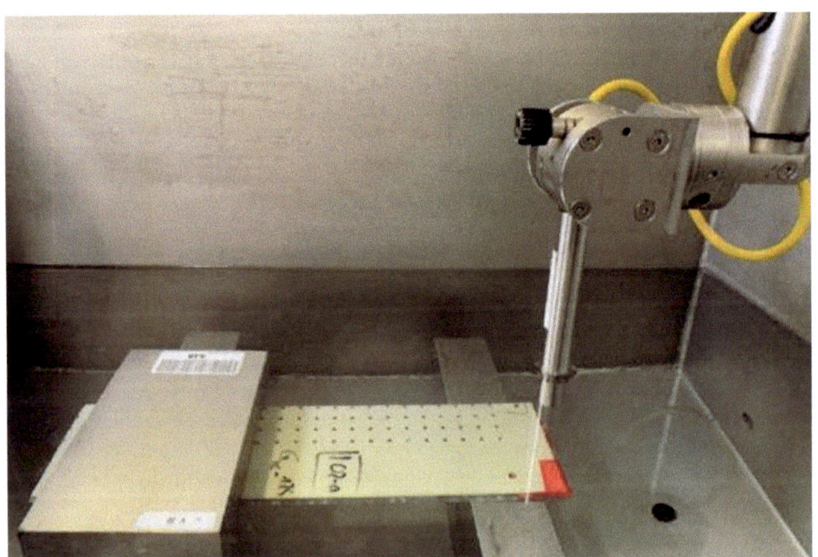

Abbildung 3-78: Laminatabschnitt im Wasserbad mit Prüfkopf

Es wurde ein Flächenscan durchgeführt und eine Darstellung als C-Bild aus den gemessenen Echoamplituden abgeleitet. Der Auswertebereich der in Abbildung 3-79 gezeigten C-Bild-Darstellung umfasst die Oberfläche bis zu einer Tiefe von ca. 1 mm. Der metallische Bereich ist als dunkelrote Fläche mit einer Amplitude von 100 % der Bildschirmhöhe (BSH) zu erkennen. Dies entspricht der maximal gemessenen Echoamplitude im A-Scan. Die mit Harz gefüllten Perforationen weisen eine deutlich geringere Echoamplitude auf und sind als eher runde Flächen in gelben und grünen Farben mit regelmäßigem Abstand zu erkennen. Zudem wurden die Lagen vor der Infusion mit einem Garn aneinander fixiert. Das Garn, das auch auf der Oberfläche des Laminats aufliegt ist ebenfalls erkennbar.

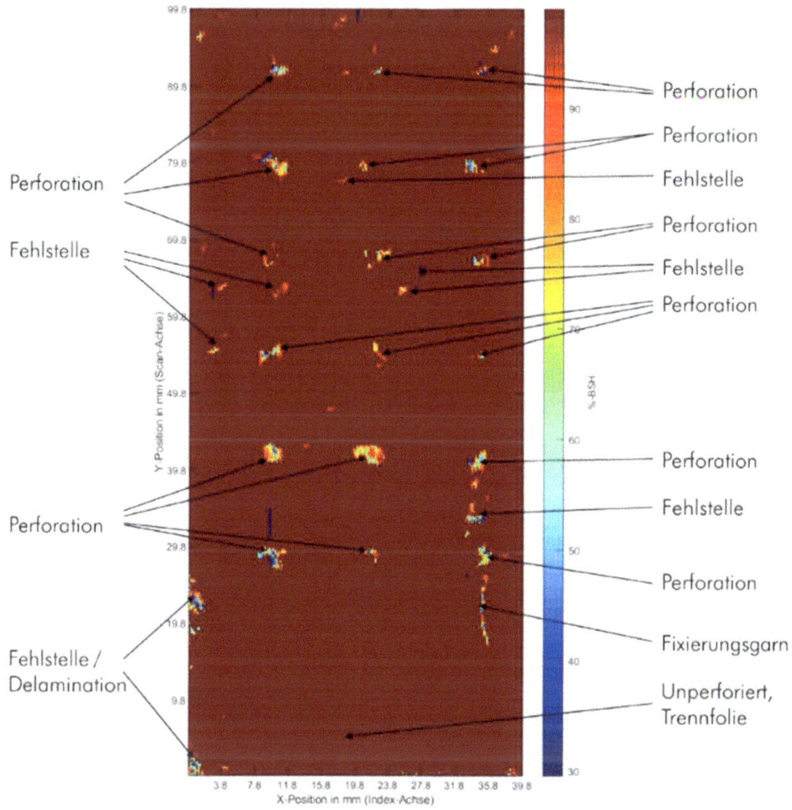


Abbildung 3-79: C-Scan Oberfläche

In Abbildung 3-80 ist eine C-Bild-Darstellung des gleichen Laminatbereichs in einer Tiefe von ca. 1 mm bis 2 mm zu sehen. Im unteren Bereich ist der nicht perforierte und mit einer PTFE-Folie getrennte Bereich als dunkelrote Fläche zu sehen. Die Trennschicht wirkt als Fehlstelle, die direkt unter der ersten Schicht liegt, es wird lediglich das Oberflächenecho angezeigt. Im oberen Bereich des Bildes (Y-Position ≥ 30 mm) ist der GFK-Anteil des Laminats als inhomogener Bereich zu erkennen. Die Faserbündel der beiden Lagen des Biaxial-Geleges sind orthogonal zueinander angeordnet und mit einfachen Nähgarnen aneinander fixiert, die im Winkel von 45° zur Faserorientierung angeordnet sind. Die Matrix aus Epoxidharz ist in den Zwischenräumen zwischen den Fasern und Faserbündeln zu finden. Im rechten Bereich der Abbildung ist eine gleichmäßige Anordnung von blauen bis gelben Bereichen mit vereinzelten roten Bereichen zu sehen. Im linken Bereich des Bildes sind deutlich mehr rote Flächen zu erkennen. Die über dem abgebildeten Material liegende Metallfläche ist perforiert und damit im Rahmen der Infusion für das Harz durchlässig. Links von der abgebildeten Fläche ist die darüber liegende Metalllage nicht perforiert. dadurch wurde die Infusion in diesem Bereich möglicherweise negativ beeinflusst und es ergibt sich eine ungleichmäßige Durchtränkung des Textils. Dies ist jedoch eine Annahme, die durch weitere Untersuchungen zu prüfen wäre. Fehlstellen können in diesem Bild nicht lokalisiert werden.

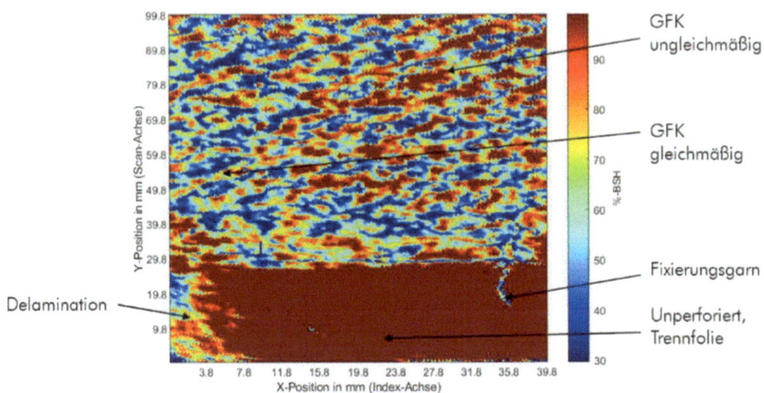


Abbildung 3-80: C-Scan in 1 mm bis 2 mm Tiefe

Es konnte gezeigt werden, dass die im Infusionsverfahren hergestellten Laminate mithilfe von Ultraschallprüfungen untersucht werden können. Es konnten jedoch keine Fehlstellen direkt lokalisiert werden. Die FML bestehen als Hybridwerkstoffe aus mehreren Komponenten, die unterschiedliche Echoamplituden erzeugen. Dadurch wird die Interpretation der Messergebnisse und die daraus abzuleitende Analyse der Materialeigenschaften erschwert. Um FML aus perforierten Metallfolien und GFK untersuchen zu können, sind weitere Analysen im Rahmen von vergleichenden Untersuchungen mithilfe anderer Untersuchungsverfahren durchzuführen.

## Computertomographische Untersuchungen

Um die Schädigung des Metalls beim Vernähen zu untersuchen, wurden Metallfolien mithilfe der gewählten Nähnadeln perforiert und mithilfe des Computertomographen (CT) analysiert. Zur Untersuchung mittels Computertomographie (CT) wurde ein Gerät vom Typ GE Phoenix v|tome|x m research eddition (finanziert durch Unterstützung durch die Europäische und Bremer Wirtschaftsförderung im Rahmen von „WERTFASER" (QS 1005)) verwendet. Für die Untersuchung im CT wurden kleine Ausschnitte aus den perforierten Folien entnommen und stapelweise gescannt. Mithilfe der Untersuchungen sollte geprüft werden, ob sich in den Metallfolien bereits durch das Einbringen der Perforationen mithilfe der Nähnadeln Mikrorisse ausbreiten.

In den folgenden Abbildungen sind einige Aufnahmen der Computertomographie zu sehen. In Abbildung 3-81 und Abbildung 3-82 sind Ausschnitte aus Stahlfolien zu sehen, die in einer einzelnen Reihe mit unterschiedlichen Nadeldurchmessern und Stichabständen perforiert wurden. In beiden Abbildungen ist zu sehen, dass sich das Metall auf der Ober- und der Unterseite um die Einstichstelle sowie entlang einer Linie zwischen den

Einstichen verändert hat. Dieser Effekt wurde auf eine Streckung und eine damit verbundene Versetzungsbewegung im Material zurückgeführt, wie sie beispielsweise beim Tiefziehen von Metallen erwartet werden kann. Die Metallfolie wird zunächst von der Nadelspitze nach unten gedrückt und dadurch verformt, bevor sie vollständig durchstoßen wird. Dabei wird das Metall zunächst auf die Unterseite gedrängt und dort wie zu erkennen aufgespreizt.

Abbildung 3-81: Perforation einer Stahlfolie, einzelnen Reihe, Nadeldurchmesse 0,7 mm, Stichabstand 20,0 mm, links: Oberseite, rechts: Unterseite

Die Deformationen an der Einstichstelle sowie die Aufspreizung an der Unterseite sind bei Perforationen, die mit einem größeren Nadeldurchmesser erzeugt wurden, deutlich stärker ausgeprägt. Bei einem geringen Stichabstand von 5,0 mm verbinden sich zudem die Veränderungen an der Metalloberfläche zu einer durchgehenden Linie.

Abbildung 3-82: Perforation einer Stahlfolie, einzelnen Reihe, Nadeldurchmesse 1,1 mm, Stichabstand 5,0 mm, links: Oberseite, rechts: Unterseite

In der Abbildung 3-83 ist zudem zu erkennen, dass das Metall eine Durchbiegung erhält, wenn mehrere Perforationsreihen nebeneinander eingebracht wurden.

Anhand der Aufnahmen ist zu erkennen, dass das Metall an der Unterseite rund um die Perforationen gleichmäßig aufgespreizt und dadurch eingerissen wurde. Es ist dementsprechend davon auszugehen, dass auch von diesen Stellen Risse initiiert werden, sobald eine weitere Belastung auf das Material aufgebracht wird, so wie es auch im Zugversuch beobachtet werden konnte. Es sind jedoch keine Risse im umliegenden Material in der Umgebung der Perforationen zu erkennen, das Material wurde dementsprechend lediglich an den Perforationsstellen selbst geschädigt.

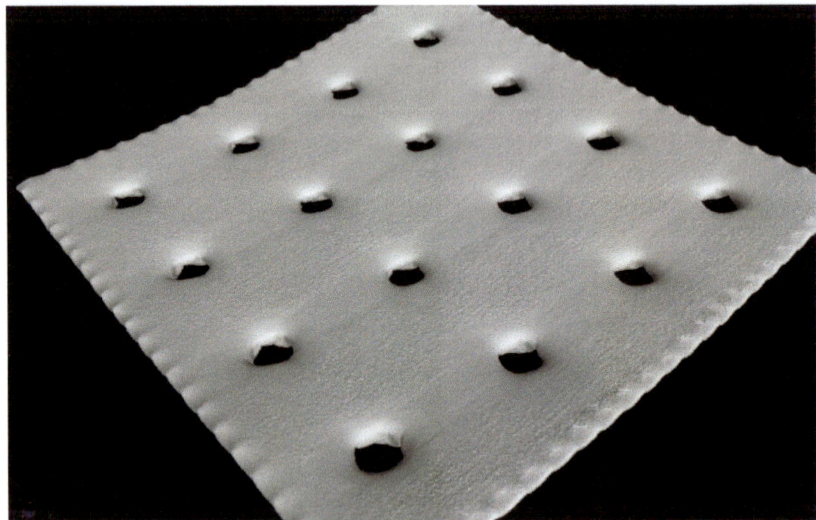

Abbildung 3-83: Perforation einer Stahlfolie, mehrerer Reihen, Nadeldurchmesse 1,1 mm, Stichabstand 5,0 mm, links: Oberseite, rechts: Unterseite

Auch in einzelne Folien aus der Aluminiumlegierung EN AW-2024 wurden Perforationen eingebracht, die in Abbildung 3-84 zu sehen sind. Das Material weist eine deutlich stärkere Deformation auf als die mit gleichem Stichabstand und Nadeldurchmesser perforierte Stahlfolie. Die aufgespreizten Perforationskanten auf der Materialunterseite sind zudem ungleichmäßig ausgefranzt und einzelne Anrisse haben sich gebildet (rote Kreise). Auf der Oberseite sind zudem einzelne Kratzer entlang der Nahtlinie zu erkennen. Diese sind durch die Nadelspitze erzeugt worden, wenn das Nähgut bewegt wurde, bevor die Nadel vollständig aus dem Material gezogen worden war.

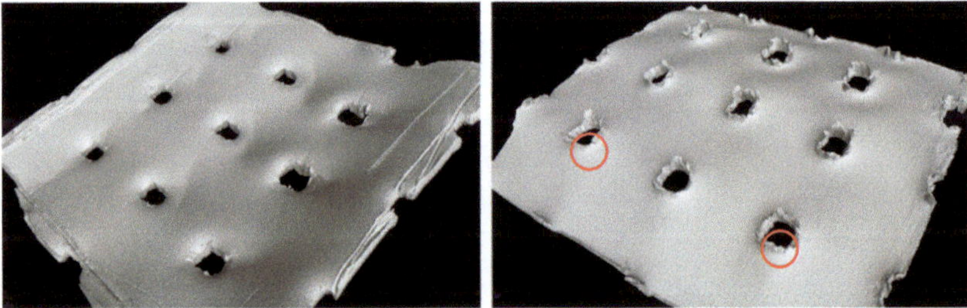

Abbildung 3-84: Perforation einer Folie aus Al EN AW-2024, Nadeldurchmesser 1,1 mm, Stichabstand 5,0 mm

Die geplante Untersuchung der FML-Proben im CT konnte nicht durchgeführt werden, da das CT-Gerät zu dem Zeitpunkt, an dem die FML hergestellt waren, einen Defekt aufwies, der bis zum Projektende nicht behoben werden konnte.

### Rasterelektronenmikroskopie

Die Mithilfe der Ultraschall-Untersuchungen gefundenen Fehlstellen in den Laminaten sollten unter anderem mithilfe eines Rasterelektronenmikroskops (REM) untersucht werden. Da im Rahmen der Ultraschall-Analysen keine Fehlstellen in den Laminaten direkt identifiziert werden konnten, war eine Entnahme derartiger Fehlstellen nicht möglich.

Zur Analyse der weiteren Laminateigenschaften wurden wie in Abschnitt 3.4.1 beschrieben Schliffbilder angefertigt, von denen mit geringem Aufwand Mikroskopische Aufnahmen angefertigt werden konnten. Eine Analyse von nicht spezifisch ausgewählten Proben im REM hätte keinen höheren Erkenntnisgewinn bewirkt. Eine Analyse im CT zur dreidimensionalen Betrachtung der Laminate wäre eine gute Ergänzung gewesen.

## 3.4.3 Brandverhalten

Zu den Vorteilen von FML gehören neben den hohen mechanischen Kennwerten auch die brandhemmende Wirkung des schichtweisen Laminatsaufbaus aus unterschiedlichen Materialien wie in Abschnitt 1.1 beschrieben wurde. Daher wurden an mehreren Proben Weiterbrenn- und Durchbrandprüfungen durchgeführt. Es sollten reine GFK-Laminate ohne metallische Lagen mit FML (Lagenaufbau 1 und Lagenaufbau 2) verglichen werden.

Die Prüfungen wurden in Anlehnung an DIN 75200 in einer Brandkammer durchgeführt. Laut Norm ist vorgesehen, die Probe in einen Spannrahmen einzulegen und 15 s mit einer Flamme von 38 mm Höhe zu beflammen. Das Material sollte dadurch beginnen zu brennen. Sobald der Brand sich bis zu einer Markierung ausbreitet hätte, sollte die Weiterbrandgeschwindigkeit ermittelt werden, in dem der Brandfortschritt ab der Markierung und die dafür benötigte Zeit gemessen werden. Mithilfe der gewählten Bunsenbrennerflamme konnten die Proben jedoch nicht entzündet werden. Durch Beimischung von Luft konnte eine Flammtemperatur von über 900 °C erreicht werden. Mit dieser Flamme wurden die Laminatproben 60 s beflammt. Das GFK-Laminat konnte dadurch entzündet werden. Nach Erreichen der Start-Markierung erlosch der Brand jedoch nach wenigen Millimetern.

Es wird angenommen, dass der schichtweise Aufbau aus GFK und Metallfolien wie erwartet die Ausbreitung von Bränden vermindert. Zudem sind Glasfasern im Allgemeinen nicht brennbar. Auch die verwendete Aluminiumlegierung ist aufgrund des enthaltenen Magnesiums schwer entzündbar. Entsprechend der Untersuchungen, die mit den zur Verfügung stehenden Mitteln durchgeführt worden sind, können die FML als nicht brennbar eingestuft werden.

Es ist jedoch zu beachten, dass es sich um eine Prüfung handelt, in der die Auswirkung des Kontakts des Materials mit einem brennenden Streichholz untersucht werden, die speziell für Anwendungen im Inneneinrichtungsbereich relevant sind. Die Anforderungen können je nach Anwendungszweck variieren. Eine entsprechende Untersuchung des Materials entsprechend der beabsichtigten Anwendung wird daher empfohlen.

### 3.4.4 Demonstrator Test

Zusätzlich zu den Couponbauteilen, die zur Analyse des Herstellungsprozesses und zur Untersuchung der Laminateigenschaften hergestellt wurden, wurden auch einzelne Demonstratorbauteile hergestellt, wie in Abschnitt 3.3.3 beschrieben.

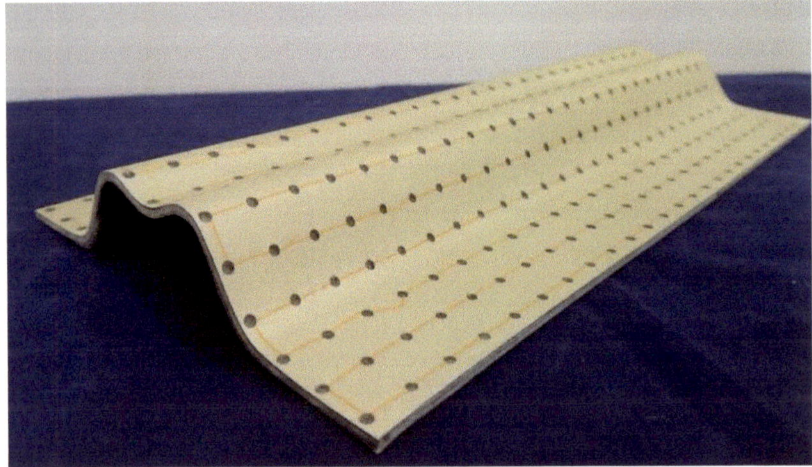

Abbildung 3-85: Demonstratorstruktur – Doppelhutprofil in FML-Bauweise (GFK + Al EN AW-2024) aus vernähten Halbzeugen (Stichabstand 12,5 mm)

Bei den Demonstratorbauteilen handelt es sich um Abschnitte des in Abschnitt 3.1.1 beschriebenen Hutprofils. An den infusionierten Bauteilen wurden zunächst Sichtprüfungen durchgeführt. An dem Profil aus FML mit Lagenaufbau 1 wurden auf der Unterseite vereinzelte Fehlstellen gefunden, wie in Abbildung 3-86 zu sehen.

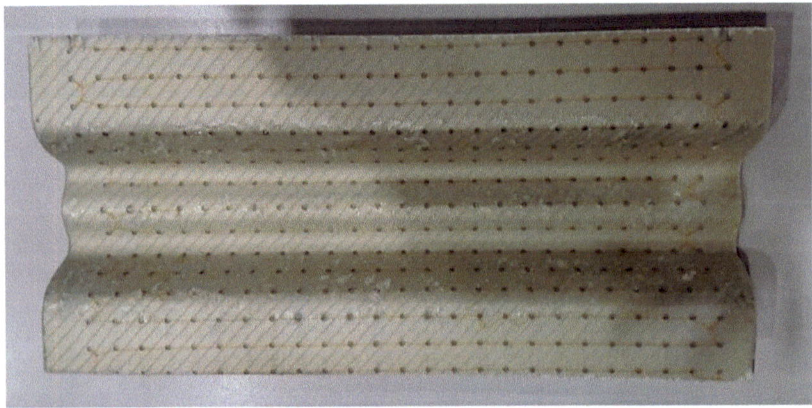

Abbildung 3-86: Unterseite einer Demonstratorstruktur mit Lagenaufbau 1

Das GFK-Profil bildet nach dem Entformen die Werkzeugform genau ab. Bei den FML-Bauteilen haben sich leichte Rückverformungen gebildet, sodass die Werkzeugkontur nicht exakt abgebildet wird.

Zunächst war vorgesehen, eine große Plattenstruktur herzustellen und diese in eine Kastenstruktur zu integrieren, an der ein „Fork-Lift-Test" durchgeführt werden sollte. Bei diesem speziellen Test wird der Aufprall eines Gabelstaplers gegen eine stehende Platte (Container-, Aufbauwand) simuliert. Die Prüfergebnisse sollten mit den Ergebnissen von Probekörpern und Bauteilen verglichen werden, die entweder keine metallische Verstärkungslage beinhalten oder aus den bisher verwendeten Materialien wie z.B. Plywood gefertigt wurden. Die Eignung des vorgesehenen Fork-Lift-Tests wurde von den Mitgliedern des PbA als fraglich angesehen. Vom PbA wurde befürwortet, den Test nicht durchzuführen und eingeplante Ressourcen (Bauteile, Personal/Zeit) anderweitig zu nutzen. Da wie in Abschnitt 3.3.3 keine großflächige Plattenstruktur gefertigt wurde, entfiel der Test.

## 3.5 Dokumentation und Bewertung der Projektergebnisse (AP 5)

Zuletzt wurden die Ergebnisse aufbereitet und eine Bewertung des Projekts unter technologischen und wirtschaftlichen Kriterien durchgeführt. Außerdem wurden im Projektverlauf weitere Herausforderungen erkannt, durch die sich weitere Forschungsfragestellungen ergeben. Diese werden zur Untersuchung im Rahmen von Weiterentwicklungen empfohlen um die Überführung in die industrielle Anwendung zu ermöglichen.

### 3.5.1 Bewertung der Wirtschaftlichkeit

Im Rahmen einer vereinfachten Wirtschaftlichkeitsbetrachtung wurden die Kosten zur Herstellung der FML im neu entwickelten Verfahren analysiert. Die Herstellkosten für ein Bauteil aus Faser-Metall-Laminaten setzen sich aus Materialeinzelkosten (Roh-, Hilfs- und Betriebsstoffen) (MEK), Materialgemeinkosten (MGK), Fertigungskosten (FEK) und Fertigungsgemeinkosten (FGK) zusammen. Im Folgenden sind die Fertigungskosten und die Materialeinzelkosten für die Rohstoffe zusammengestellt.

#### Fertigungskosten

Zur Berechnung der Fertigungskosten sind die Kosten für die einzelnen Prozessschritte zu addieren. Dabei ist das Vernähen der Halbzeuge und der Infusionsprozess jeweils in Abhängigkeit des Aufwandes zu betrachten.

Es konnte gezeigt werden, dass einige der untersuchten Laminateigenschaften durch das Vernähen der Halbzeuge positiv beeinflusst werden. Die Anbindung der Lagen im Laminat konnte verstärkt und die Biegefestigkeit und Schlagzähigkeit erhöht werden. Im Rahmen der Arbeiten an diesem Projekt wurden zunächst Laminate in Coupongröße hergestellt, um die Möglichkeit der Umsetzung des Herstellungsprozesses darzustellen und Probekörper für die Untersuchung der Laminateigenschaften herzustellen. Daher wurde eine Abschätzung für die Kosten des textilen Prozessschritts vorgenommen, die in Tabelle 3-16 dargestellt ist. Angenommen wurde eine Nähgeschwindigkeit von 800 Stichen pro Minute. Die Anzahl der Stiche pro Fläche ist abhängig vom Stichabstand. Mit dem Stichabstand steigen die Kosten pro $m^2$. Die Herstellungskosten lassen sich entsprechend Gleichung (3-2) berechnen zu

$$Preis\ in\ €/m^2 = \frac{1000\,mm \cdot ALK}{s \cdot v_{Naht} \cdot 60\,{}^{min}/_{h}} \tag{3-2}$$

mit: ALK Anlagenkosten in €/h inkl. Personalaufwand und Betriebskosten

s Stichabstand in mm

$v_{Naht}$ Nähgeschwindigkeit in Stichen/min.

Die Darstellung in Tabelle 3-16 zeigt, dass der Aufwand und die damit verbundenen Kosten mit steigender Stichdichte deutlich ansteigen. Daher ist entsprechend dem Anwendungsfall eine Abwägung vorzunehmen, in welchem Maße die Steigerung einzelner mechanischer Kennwerte durch die Vernähung notwendig ist um die Anforderungen an das Laminat zu erfüllen. Dadurch ist zu vermeiden, dass ein zu hoher Aufwand für die Herstellung der Halbzeuge betrieben wird und die zu fertigende Struktur aufgrund zu hoher Herstellungskosten nicht wirtschaftlich eingesetzt werden kann. Verglichen wurden dabei die Fertigung auf einer Laboranlage mit nur einem Stickkopf, die im Rahmen des Projekts umgesetzt wurde und die Fertigung mit einer entsprechenden Industrieanlage mit acht gleichzeitig arbeitenden Stickköpfen verglichen.

Tabelle 3-16: Kostenschätzung für die Herstellung der hybriden Halbzeuge im textilen Prozess pro m²

| Stichabstand in mm | Anzahl Stiche/m² | Zeit in min pro m² (Nähgeschwindigkeit: 800 Stiche/min) | Kosten pro m² (ALK: 55 €/h) | Zeit in min pro m² (Nähgeschwindigkeit: 800 Stiche/min) | Kosten pro m² (ALK: 55 €/h) |
|---|---|---|---|---|---|
| | | Laborablage: 1 Stickkopf | | Industrieanlage: 8 Stickköpfe | |
| 5,0 | 40.000 | 50,000 | 45,83 € | 6,250 | 5,73 € |
| 7,5 | 17.778 | 22,222 | 20,37 € | 2,778 | 2,55 € |
| 12,5 | 6.400 | 8,000 | 7,33 € | 1,000 | 0,92 € |
| 17,5 | 3.265 | 4,082 | 5,61 € | 0,510 | 0,47 € |
| 20,0 | 2.500 | 3,125 | 2,86 € | 0,391 | 0,36 € |

Die Kosten für das Vernähen der Halbzeuge können reduziert werden, indem Mehrnadelsysteme eingesetzt und dadurch mehrere Stiche gleichzeitig erzeugt oder die Stichgeschwindigkeit auf andere Weise erhöht werden kann. Kostenneutral wäre die Integration der metallischen Schichten, wenn diese bereits während der Fertigung des Textils, beispielsweise beim Vernähen der Rovings zu einem Gelege integriert werden könnten. Multiaxialgelege mit einer Breite von 50" (1,27 m) werden beispielsweise mit einer Geschwindigkeit von 2-3 m/min hergestellt. Die Geschwindigkeit wäre bei gleichzeitiger Intergration von metallischen Lagen möglicherweise zu reduzieren.

Wie in Kapitel 3.2 beschrieben, können die Metallfolien, je nach Materialauswahl, teilweise nicht direkt mit dem Textil vernäht werden und müssen vorperforiert werden, um die zum Vernähen verwendete Maschine nicht zu schädigen. Im Rahmen des Projekts wurde die Perforation mittels Wasserstrahlschneiden in die Metallfolie eingebracht. Um die Kosten zu reduzieren, wurden bereits vier Folien gestapelt bearbeitet. Dieses Verfahren kann jedoch in der genutzten Form nicht für eine wirtschaftliche Fertigung im Großserieneinsatz verwendet werden. Es kann angenommen werden, dass die Kosten für die Perforation im industriellen Maßstab gesenkt werden können, da das Material in diesem Fall vollautomatisiert bearbeitet und der Aufwand zur Betreuung der Anlagen durch einen Mitarbeiter reduziert werden kann. Die Höhe der Kosten ergibt sich durch den hohen zeitlichen Aufwand, der von der Perforationsdichte bzw. –anzahl abhängig ist. In einem Perforationsmuster kann keine durchgängige Schnittkante bearbeitet werden. Jede Position für eine einzelne Perforation wird einzeln angesteuert, bevor die Perforation ausgeschnitten wird. Ein ähnlicher Aufwand mit entsprechenden Kosten entsteht bei der Herstellung der Perforationen in anderen Verfahren, in denen die Perforationen einzeln in das Material eingebracht werden wie dem Fräsen oder Bohren mittels CNC-Maschine oder dem Laserstrahlschneiden. Um eine wirtschaftliche Herstellung zu ermöglichen, muss eine kostengünstigere Methode zur Perforierung gefunden werden. Alternativ wäre die Verwendung von Lochblechen möglich. Eine Integration einer Durchstich- oder Bohreinheit an der zum Vernähen der Halbzeuge verwendeten Maschine wäre ebenfalls denkbar. Diese Einheit müsste im Nähprozess jeweils der Nadel voranlaufen und die Metallfolie in der Geschwindigkeit perforieren, in der auch die Naht in das Material eingebracht wird.

Bei der Verarbeitung von Metallfolien, die direkt von der Nähnadel durchstochen werden können, entfallen die Kosten für die Perforation.

Die Imprägnierung der vernähten Hybridhalbzeuge erfolgte im Vakuuminfusionsprozess. Die Kosten für die Herstellung eines Bauteils im Infusionsprozess ergeben sich aus den Kosten für die Hilfsstoffe, die Personalkosten für die Dauer der Vorbereitung und Durchführung sowie der Energiekosten für den Betrieb der Vakuumpumpen und den Aushärteofen. Diese Kostenanteile sind jeweils abhängig von der Größe und Komplexität des Bauteils. Einmalige Kosten für die Anschaffung von Anlagen und Werkzeugen werden nicht berücksichtigt. Die Kosten für die Hilfsstoffe (Rohre, Abreißgewebe, Entlüfter, Fließhilfe, Vakuumfolie, Dichtband) werden für die Herstellung eines Bauteils mit einer Fläche von 1 $m^2$ im Vakuuminfusionsprozess mit 31,40 € angenommen [59]. Für die Herstellung eines kleinen Bauteils mit einer Größe von bis zu einem Quadratmeter werden wenige Stunden für die Vorbereitung und Durchführung der Infusion benötigt. Die Kosten für Anlagenbetrieb und Personal werden daher auf ca. 200 € geschätzt. Hinzuzurechnen sind die Energiekosten für die Aushärtung im Ofen oder einem beheizten Werkzeug. Bei einer Serienfertigung in der industriellen Anwendung kann jedoch mit einer Reduzierung der Kosten gerechnet werden, da die Unternehmen stetig an der Optimierung ihrer Herstellungsprozesse im Faserverbundbereich arbeiten, um Kosten zu senken [60]. Auch die Fertigung im RTM-Verfahren kann aufgrund des höheren erreichbaren Automatisierungsgrades und der Reduzierung manueller Fertigungsschritte möglicherweise zu einer Reduzierung der Kosten beitragen. Wurde 2014 für ein Bauteil mit einer Fläche von 0,84 $m^2$, das im RTM-Verfahren gefertigt wurde, noch mit Kosten von 25 – 30 € für Maschinen und Werkzeuge sowie Arbeitslohn und andere Kosten veranschlagt, werden bis 2020 Kosten von 8,75 – 12,60 € für diese Positionen erwartet. [61]

## Materialkosten und -gewicht

Die Materialeinzelkosten setzen sich aus den einzelnen Komponenten zusammen. Ein Laminat in der betrachteten Bauweise besteht dabei aus drei Lagen GFK (Dicke einer Einzellage: 0,7 mm; FVG: 50 % (für die Berechnung angenommener Wert)) und zwei Lagen Metallfolie. In Tabelle 3-17 sind jeweils die Kosten und das Gewicht von jeweils einer Lage der untersuchten Materialien sowie die entsprechenden Werte für die Gesamtmenge der Komponente in einem FML aufgelistet. Dabei sind die Werte jeweils auf einen m² bzw. ein kg des Materials bezogen. Die GFK-Komponenten der FML wurden aus dem gewählten Glasfasergelege und dem gewählten Harz-Härter-System hergestellt. Als metallische Werkstoffe wurden zwei unterschiedliche Materialien eingesetzt, die beide in der Tabelle aufgeführt sind und alternativ verwendet werden können. Die Kosten wurden dabei jeweils aus den Werten berechnet, die für die im Projekt verwendeten Materialien gezahlt wurden. Es ist jedoch zu beachten, dass in diesem Rahmen lediglich Kleinstmengen abgenommen wurden. Die Kosten für die Beschaffung größerer Materialmengen im industriellen Maßstab steigt nicht proportional zu den angegebenen Kosten. Da die Aluminiumlegierung EN AW-2024 einen hohen Materialpreis aufweist, sind auch Preise für die in Vorversuchen genutzte Legierung EN AW-1050A angegeben. Es ist zu erkennen, dass sich der Preis für die Beschaffung der Materialien zum Teil reduzieren lässt, indem die Auswahl der Metalllegierung an die ausgewählte Anwendung angepasst wird.

Tabelle 3-17: Material Preis und Gewicht

| | Gewicht pro m² Material einlagig | Gewicht pro m² Material im Laminat | Preis pro kg | Preis pro m² Material einlagig | Preis pro m² Material im Laminat |
|---|---|---|---|---|---|
| Stahl DC04, Dicke 0,1 mm, unbehandelte Oberfläche | 0,786 kg | 1,572 kg | 20,91 € | 16,43 € | 32,86 € |
| Aluminium-legierung EN AW-2024, Dicke 0,4 mm, mit Primer beschichtet | 1,108 kg | 2,216 kg | 90,46 € | 81,64 € | 163,28 € |
| Aluminium-legierung EN AW-1050A; Dicke 0,1 mm | 0,270 kg | 0,540 kg | 8,04 € | 2,17 € | 4,34 € |
| Aluminium-legierung EN AW-1050A; Dicke 0,2 mm | 0,540 kg | 1,080 kg | 6,61 € | 3,57 € | 7,14 € |

| | Gewicht pro $m^2$ Material einlagig | Gewicht pro $m^2$ Material im Laminat | Preis pro kg | Preis pro $m^2$ Material einlagig | Preis pro $m^2$ Material im Laminat |
|---|---|---|---|---|---|
| Aluminium-legierung EN AW-1050A; Dicke 0,3 mm | 0,810 kg | 1,620 kg | 6,48 € | 5,25 € | 10,50 € |
| Harz | - | - | 5,25 € | | - |
| Härter | - | - | 11,50 € | - | - |
| Harz/Härter-Gemisch, 100:28 | 0,403 kg | 1,209 kg | 6,62 € | 2,67 € | 8,00 € |
| GF-Gelege 833 g/$m^2$ | 0,833 kg | 2,499 kg | 2,25 € | 1,87 € | 5,61 € |

Im Rahmen des Projekts wurden Demonstratorstrukturen zur Nachbildung eines Seitenaufprallträgers hergestellt. Die abgewickelte Grundfläche des zu verwendenden Materials hat eine Länge von ca. 1 m und eine Breite von 180 mm. Die resultierende Laminatfläche hat eine Größe von 0,18 $m^2$.

Zudem wurde die Möglichkeit zur Fertigung größerer Plattenstrukturen als Seitenwand eines Luftfrachtcontainers betrachtet. Die Fläche der Seitenwände eines Luftfrachtcontainers hängen von dem jeweiligen Containertyp ab.

In Tabelle 3-18 sind die zu erwartenden Gewichte und Kosten der Einzelkomponenten für die in der Referenzstruktur benötigten Laminatgröße dargestellt.

Tabelle 3-18: Kosten und Gewicht der Einzelkomponenten in einem FML-Bauteil der Referenzstruktur

| | 0,18 $m^2$ Laminat (Seitenaufprallträger): | |
|---|---|---|
| | Gewicht | Preis |
| Stahl DC04, Dicke 0,1 mm | 0,283 kg | 5,91 € |
| Aluminiumlegierung EN AW-2024, Dicke 0,4 mm | 0,399 kg | 29,39 € |
| Harz/Härter-Gemisch, 100:28 | 0,218 kg | 1,44 € |
| GF Gelege 833 g/$m^2$ | 0,45 kg | 1,00 € |

Das Gewicht des Seitenaufprallträgers kann von 2 kg für das Originalbauteil aus Stahl auf 0,951 kg reduziert werden, wenn ein FML-Bauteil aus GFK und der 0,1 mm dicken Stahlfolie verwendet wird. Wird das Bauteil aus GFK und der Aluminiumlegierung EN AW-2024 hergestellt, beträgt das Gewicht für ein entsprechendes Bauteil mit 1 m Länge 1,067 kg. In beiden Fällen wird eine Gewichtsreduzierung von etwa einem Kilogramm erreicht. Die Materialkosten betragen 8,35 € für die Kombination aus GFK und

Stahl und 31,83 € eine Variante aus GFK und der Aluminiumlegierung. Damit werden die Kosten für das zu substituierende Originalbauteil von 2,40 € deutlich überschritten. Im Automobilbau werden bei einer Gewichtseinsparung von einem Kilogramm Mehrkosten von durchschnittlich 5 € akzeptiert [62], was hier als Zielwert angenommen wird. Die tolerierbaren Mehrkosten variieren in Abhängigkeit von der Fahrzeugklasse und der Position des Bauteils im Fahrzeug. Bei einer Gewichtseinsparung im vorderen unteren Fahrzeugbereich in einem Kleinwagen dürfen Kosten von 0,30 €/kg entstehen. Wird das Gewicht in einem oberhalb der Motormitte eingesetzten Bauteil eingespart, liegt die Mehrkostengrenze bei 1,10 € in einem Kleinwagen und bei 7,10 € für ein Fahrzeug der Luxusklasse [2] nach [63] und [64]. Der Zielwert von 5 € Mehrkosten pro Kilogramm Gewichtseinsparung wird jedoch bereits durch die dargestellten Materialkosten überschritten. Die Fertigungskosten sind hinzuzurechnen. Es kann jedoch davon ausgegangen werden, dass die Kosten für die entsprechenden Materialmengen und die Fertigungskosten in der Serienproduktion deutlich reduziert werden können.

Luftfrachtcontainer bestehen aus einem Rahmen, einer standardisierten Bodenplatte, Seitenwänden und einer Türöffnung. Die Bodenplatte sowie die Rahmenprofile und Eckverbinder werden aus einer Aluminiumlegierung hergestellt. Die Seitenwände bestehen entweder aus einer Aluminiumlegierung oder anderen Leichtbaumaterialien. Die Türöffnung wird in vielen Fällen durch eine flexible Abdeckung aus technischem Textil, zum Beispiel aus PU beschichtetem Polyester, verschlossen. Die Bauelemente aus Aluminium werden häufig aus den Legierungen AA7021-T6 oder AA7075-T6 hergestellt. Bei einem Luftfrachtcontainer vom Typ AAX der Nordisk Aviation in Aluminiumbauweise wird der Boden aus einer Platte mit 4 mm Dicke und einem Flächengewicht von 10,8 kg/m$^2$ und die Seitenwände aus Platten mit einer Dicke von 1 mm und einem Gewicht von 2,7 kg/m$^2$ hergestellt. Die Kosten liegen dabei bei 100 €/m$^2$ für das Material der Bodenplatte und bei 30 €/m$^2$ für das Material der Seitenwände. [65] Bei Verwendung von FML aus vernähten Hybridhalbzeugen aus GFK und Stahl würden diese ein Gesamtgewicht von 5,28 kg/m$^2$ aufweisen und die Materialkosten bei 46,47 €/m$^2$ liegen. Würden die Seitenwände aus GFK und der gewählten Aluminiumlegierung hergestellt werden, würde das Gewicht 5,92 kg/m$^2$ betragen und die Materialkosten bei 176,89 €/m$^2$ liegen. Das Gewicht der Seitenwände kann durch den Einsatz von FML daher nicht reduziert werden. Würde die Bodenplatte substituiert werden, könnte jedoch eine Gewichtseinsparung von bis zu 43 % werden. Die hohen Kosten der Materialien, speziell der Folien aus der gewählten Aluminiumlegierung übersteigen auch in dieser Anwendung die Kosten der zu substituierenden Materialien. Da im Bereich der Luftfahrt jedoch deutlich höhere Mehrkosten für eine Gewichtsreduzierung akzeptiert werden als im Automobilbereich (bis zu 500 €/kg [62]), ist die Anwendung in diesem Bereich eher vorstellbar. Aufgrund des hohen Gewichts der FML im Vergleich zu den zu substituierenden Materialien der Containerseitenwände ist jedoch zu prüfen, ob andere Vorteile durch den Einsatz erreicht werden können. Insbesondere die Durchstoßsicherheit und der Nietausreißwiederstand sind hierbei in Bezug auf die anwendungsspezifischen Anforderungen zu untersuchen. Möglich wäre beispielsweise auch eine metallische Verstärkung des GFK, die lediglich lokal integriert wird, beispielsweise in den Bereichen, die durch Nieten an den Rahmenprofilen befestigt werden. Zudem ist zu untersuchen, oder die Anzahl und Dicke der einzelnen Lagen reduziert werden kann, um das Gewicht der FML zu reduzieren und gleichzeitig die Nutzung in derartigen Strukturen sicherzustellen. Durch Auswahl anderer Metalllegierungen kann zudem der Materialpreis reduziert werden. Eine Eignung anderer Legierungen sollte daher untersucht werden.

### Zusammenfassende Bewertung der Projektergebnisse

Im Rahmen der Arbeiten konnte gezeigt werden, dass es möglich ist, FML aus vernähten Hybridhalbzeugen im Infusionsverfahren herzustellen.

Durch das Vernähen konnten die Out-of-Plane-Eigenschaften der Laminate wie erwartet im Vergleich zu nicht vernähten Laminaten verbessert werden. Zudem konnte durch die Perforationen, die zur Durchführung des Nähfadens in das Metall eingebracht wurden, die Möglichkeit geschaffen werden, die hybriden Halbzeuge zu vernähen. Gleichzeitig war bei einer hohen Stichdichte jedoch eine Reduzierung der In-Plane-Eigenschaften zu beobachten. Als nachteilig wurde zudem angesehen, dass die Nähfäden nach der Aushärtung der Bauteile eine unregelmäßige Oberfläche der Bauteile erzeugen.

Im Vergleich zu den Referenzproben aus reinem GFK konnten die für die vorgesehenen Belastungsfälle relevanten mechanischen Eigenschaften wie die Schlagzähigkeit durch Integration der metallischen Lagen erhöht werden.

Durch den Einsatz der Infusionstechnologie kann auf die Fertigung aus Prepregmaterialien im Autoklaven verzichtet werden. Dadurch kann auf die Anschaffung und den energieintensiven Betrieb der Anlagen zur Prepregkühlung sowie zur Aushärtung im Autoklaven verzichtet werden.

## 3.5.2 Abschlussbericht

Im Rahmen des vorliegenden Abschlussberichts wurden die durchgeführten Arbeiten und Projektergebnisse umfassend dargestellt. Der Bericht kann am Faserinstitut Bremen ausgeliehen werden und steht damit der interessierten Öffentlichkeit zur Verfügung.

Zudem wurde das Projekt durch wissenschaftliche Veröffentlichungen sowie durch die Außendarstellung des Instituts bereits der Öffentlichkeit vorgestellt. Diese Maßnahmen werden auch zukünftig weiter genutzt um die Ergebnisse für Interessenten, insbesondere KMU, zugänglich zu erhalten und ihnen die weitere Nutzung zu ermöglichen.

Neben dem umfassenden Abschlussbericht wurden und werden die Ergebnisse in wissenschaftlichen Veröffentlichungen der interessierten Öffentlichkeit zugänglich gemacht. Durch diese Maßnahmen werden KMU ertüchtigt, die Ergebnisse im Rahmen eigener Weiterentwicklungen zu nutzen und somit ihre Wettbewerbsfähigkeit zu stärken.

## 3.5.3 Empfehlungen für die Weiterentwicklung

Die bisherigen Ergebnisse geben einen Überblick über die Möglichkeit zur Herstellung von FML im Infusionsverfahren aus vernähten Hybridhalbzeugen sowie die Zusammenhänge zwischen den Fertigungsparametern und den Laminateigenschaften.

Um die wirtschaftliche Fertigung der hybriden Halbzeuge zu ermöglichen, ist die Integration in die Serienfertigung bestehender Nähprozesse umzusetzen. Bei einigen Metalllegierungen kann eine Perforation der Folien direkt durch die Nähnadel erfolgen. Für andere Legierungen, die nicht direkt vernäht werden können, sollte der Perforationsprozess wirtschaftlich optimiert werden. Gegebenenfalls kann die Perforation durch Einsatz einer vorlaufenden Perforationseinheit erzielt werden, die in die Nähmaschine integriert wird. Werden vorperforierte Metallfolien verwendet, ist ein entsprechend geeignetes System zur Positions-Erfassung und –Regelung zu verwenden.

Zudem könnte die Möglichkeit untersucht werden, Metallgitter bzw. –gewebe anstelle der Metallfolien zu verwenden. Diese können vernäht werden, ohne die Nadel in dem Maße zu belasten, wie es beim Vernähen der Folien der Fall ist, da die dünnen Drähte, aus denen die Metallgewebe gefertigt sind, von der Nadel Verdrängt werden können. In diesem Fall dient die Naht ausschließlich der Fixierung der Lagen aneinander sowie der Erhöhung der Out-of-Plane-Eigenschaften. Eine Perforation, die die Durchtränkung ermöglicht, ist bereits durch die Gitterstruktur gegeben. Dadurch kann die Vernähung lokal und bedarfsgerecht erfolgen.

Die vernähten Hybridhalbzeuge können direkt in Prozesse zur weiteren Verarbeitung integriert werden, wie im Rahmen der Vakuuminfusionsversuche gezeigt werden konnte. Die Vakuuminfusion in der im Rahmen des Projekts dargestellten Durchführungsart ist ein etabliertes Verfahren zur Herstellung von Bauteilen aus Faserverbundwerkstoffen. Das Verfahren wird bereits zur Fertigung großflächiger Strukturen wie Bootsrümpfe und Rotorblättern für Windkraftanlagen eingesetzt. Im Bereich der Rotorblattfertigung stellt die Vakuuminfusion das am häufigsten verwendete Verfahren dar [66]. Dementsprechend können auch größere Schalenstrukturen wie Seitenwände für Luftfrachtcontainer oder Nutzfahrzeuge in diesem Verfahren hergestellt werden.

Generell können auch komplexere oder kleinere Strukturen aus im Vakuuminfusionsverfahren hergestellt werden, wie durch die Herstellung des doppelt gekrümmten Hutprofils gezeigt werden konnte. Für die Herstellung von Bauteilen in großen Stückzahlen in der Automobilherstellung ist jedoch die Herstellungsdauer entscheidend. Um diese an die kurzen Taktzeiten der Automobilindustrie anzupassen, ist eine Optimierung vor allem im Bereich der Aushärtedauer anzustreben. Im Automobilbereich hat sich die RTM-Technologie zur Fertigung von Faserverbundbauteilen etabliert. Die Integration des vernähten Hybridhalbzeugs in einen RTM-Prozess ist zu untersuchen.

Eine weitere Möglichkeit besteht in der Verwendung von Harzfilmen. Diese könnten zwischen die textilen Lagen gelegt werden, bevor der gesamte Lagenaufbau unter Einfluss von Temperatur und Druck in einem Presswerkzeug konsolidiert und ausgehärtet wird. Im Rahmen des Projekts „Resin Film Pultrusion" [17] konnte zudem bereits gezeigt werden, dass Harzfilme in einen kontinuierlichen Prozess integriert werden können. Dadurch könnten Profilbauteile aus FML möglicherweise auch kontinuierlich gefertigt werden.

Eine Alternative zu dem verwendeten duromeren Matrixsystem stellen thermoplastische Werkstoffe dar. Die Integration der Matrix erfolgt in diesem Fall bereits im textilen Halbzeug, das aus Verstärkungsfasern und Thermoplastfasern besteht. Nach dem Vernähen dieser Textilen werden die Halbzeuge unter Druck und Temperatur in die gewünschte Form gepresst und das Matrixmaterial aufgeschmolzen, sodass es zwischen die Verstärkungsfasern fließt. Thermoplaste bieten eine höhere Duktilität als Duromere und neigen weniger zum Sprödbruch. Dadurch eignen Sie sich vor allem für den Einsatz in Crash-Strukturen im Automobil, da das Verletzungsrisiko auf diesem Wege reduziert werden kann. Die Anwendbarkeit von FML mit thermoplastischer Matrix im Faserverbundanteil wurde bereits im Rahmen der Literaturrecherche in Abschnitt 1.2 dargestellt.

Zur Herstellung von komplexen Strukturen sind Umformwerkzeuge notwendig. Um die Besonderheiten des Hybridhalbzeugs zu berücksichtigen, sind Umformwerkzeuge zu entwickeln, die sich an Tiefziehwerkzeugen aus der Metallblech-Verarbeitung orientieren, um die Rückverformung auszugleichen und die Endkontur in der gewünschten Form zu erreichen.

Anzustreben ist zudem die Entwicklung von Richtlinien zur Auslegung der Naht. Dazu sollten die erreichbaren mechanischen Kennwerte in Relation zu den Abständen der Perforationen im Metall und der Nahtpunkte gesetzt werden. Diese Gegenüberstellung soll die Möglichkeit bieten, Perforations- und Nahtmuster angepasst an spezifische Anwendungsfälle auszulegen, durch die gestellten Anforderungen an die Materialeigenschaften erfüllt werden können ohne den Fertigungsaufwand unverhältnismäßig zu erhöhen.

# 4 Bedeutung und Nutzen des Forschungsthemas, vor allem für KMU

Die Projektergebnisse sind durch Veröffentlichung des Abschlussberichts der interessierten Öffentlichkeit zugänglich. Dadurch werden kleine und mittlere Unternehmen (KMU) ertüchtigt, die dargestellten Herstellungsprozesse in die industrielle Anwendung zu überführen oder die Ergebnisse als Grundlage für eigene Entwicklungen zu nutzen.

## 4.1 Wissenschaftlich–technischer Nutzen

Im Rahmen des Projekts wurde eine Möglichkeit zur Fertigung von Faser-Metall-Laminaten (FML) im Infusionsverfahren aus vernähten Hybridmaterialien entwickelt. Dazu werden Gelege aus Verstärkungsfasern mit den Metallfolien zu einem hybriden Faser-Metall-Halbzeug vernäht. Im Rahmen des Nähprozesses werden Perforationen in die Metallfolien eingebracht, die zur Durchführung des Nähfadens geeignet sind. Diese Perforationen ermöglichen gleichzeitig die Durchtränkung des Halbzeugs im Infusionsverfahren.

Die Vernähung als Fixierungsmethode der metallischen Verstärkungslagen wurde untersucht und die textiltechnische Umsetzung von Faser-Metall-Halbzeugen wurde realisiert. Zudem erfolgte eine Untersuchung der Drapierbarkeit der Faser-Metall-Halbzeuge anhand definierter Umformgrade.

Die hergestellten Faser-Metall-Halbzeuge sind einfach zu handhaben und können ähnlich einem rein textilen Preform in einen Vakuuminfusionsaufbau integriert werden. Im Rahmen des Projekts wurde das Infusionsverhalten der Faser-Metall-Halbzeuge in Abhängigkeit von der Positionierung der metallischen Verstärkungslagen und der Perforierung analysiert.

Zudem erfolgte die Untersuchung und Bewertung der erreichbaren Material- und Fertigungsqualitäten durch die Anwendung verschiedener zerstörender und zerstörungsfreier Prüfmethoden.

Die Einflüsse der verwendeten Nähparameter Stichabstand und Perforationsdurchmesser sowie des Lagenaufbaus auf den nachfolgenden Prozessschritt und die Laminateigenschaften wurden charakterisiert. Es konnte gezeigt werden, dass die Durchtränkung des Halbzeugs durch eine hohe Perforationsdichte vereinfacht und beschleunigt werden kann. Zudem werden die Anbindung zwischen den Lagen verstärkt und die für schlagbelastete Bauteile relevanten Out-of-Plane-Eigenschaften mit steigender Stichdichte erhöht.

Durch die Integration der metallischen Lagen konnten diese mechanischen Eigenschaften im Vergleich zu reinen GFK-Referenzmaterialien ebenfalls erhöht werden.

Bei Substitution eines ausschließlich metallischen Bauteils durch ein Bauteil, das aus den entwickelten FML hergestellt wurde, kann das Gewicht der Anwendungsstruktur zum Teil signifikant verringert werden.

## 4.2 Wirtschaftlicher Nutzen insbesondere für kleine und mittlere Unternehmen (KMU)

Die Veröffentlichung der Projektergebnisse trägt dazu bei, dass interessierte Unternehmen an den gewonnenen Erkenntnissen teilhaben und die beschriebenen Herstellungsprozessse übernehmen können. Die Ergebnisse dienen zudem als Grundlage für weitere, eigene Entwicklungen der Unternehmen. Aufgrund der gewählten Herstellungsschritte eignet sich die entwickelte Art der FML-Herstellung auch für die Umsetzung durch KMU.

Die Herstellung von Faser-Metall-Halbzeugen im textilen Prozess führt zu einer Verschiebung von 30 % der Wertschöpfung von der Bauteil- zur Materialherstellung. Viele der Unternehmen, die technische Textilen in Deutschland herstellen, sind den KMU zuzuordnen. Die Unternehmen können die im textilen Prozess hergestellten Faser-Metall-Halbzeuge in ihr Portfolio aufnehmen und dadurch neue Abnehmer gewinnen.

Die Bereitstellung von Wissen über die Herstellung der textilen Faser-Metall-Halbzeuge führt dementsprechend zu einer Stärkung der deutschen Textilindustrie, insbesondere der kleinen und mittelständischen Unternehmen.

Bei der Herstellung von FML im Infusionsverfahren wird auf den Einsatz eines Autoklaven sowie den Einsatz von gekühlt zu lagernden Prepreg-Materialien verzichtet. Dadurch eignet sich dieses Verfahren auch zur Umsetzung von KMU, da auf große Investitionen in entsprechende Anlagen sowie deren energieintensiven Betrieb verzichtet wird.

Durch die Reduzierung der Herstellungskosten werden die möglichen Anwendungsfelder auf kostensensitive Bereiche erweitert. Die FML können in Crashstrukturen in Automobilkarosserien sowie in Seitenwänden von Luftfrachtcontainern oder Nutzfahrzeugen eingesetzt werden. Die Zusammensetzung der Materialien sowie der Fertigungsparameter können an den spezifischen Anwendungsfall angepasst werden. Die Fertigung von Bauteilen im Vakuuminfusionsverfahren wird bereits von KMU, beispielsweise bei der Herstellung von Bootsrümpfen oder der Fertigung von Rotorblättern für Windkraftanlagen, erfolgreich umgesetzt. Das entsprechende Know-How kann dementsprechend auf die Herstellung größerer Bauteile aus FML übertragen werden.

Durch die Möglichkeit, bestehende Materialien mit FML zu substituieren, werden Möglichkeiten Steigerung des Marktanteils von Firmen der Textilindustrie und Erschließung neuer Absatzmärkte geschaffen.

## 4.3 Innovativer Beitrag

Zur Herstellung von FML in dem entwickelten Verfahren erfolgte eine Kombination eines textilen Prozessschritts mit der Herstellung von FML aus Verstärkungsfasern und perforierten Metallfolien im Infusionsverfahren. Dadurch wurde eine Möglichkeit geschaffen, FML in einem wirtschaftlichen Verfahren herzustellen und in erweiterten Anwendungsfeldern einzusetzen.

Die Einstellmöglichkeiten für die Eigenschaften von FML wurden durch die Integration der Naht um einen Parameter erweitert. Dadurch ist die Möglichkeit gegeben, FML-Bauteile durch Auswahl der Herstellungsparameter für die hybriden Halbzeuge an die Anforderungen des Anwendungsfalls anzupassen.

## 4.4 Industrielle Anwendung

Durch die Entwicklung eines neuartigen, wirtschaftlichen Verfahrens zur Herstellung von FML können diese in erweiterten Anwendungsbereichen eingesetzt werden. Die Herstellung erfolgt im Rahmen zweier Prozessschritte mithilfe bereits in der Herstellung von Bauteilen aus Faserverbundmaterialien etablierten Verfahren.

Unternehmen der Textilindustrie können aus textilen Halbzeugen und Metallfolien vernähte Faser-Metall-Halbzeuge herstellen und diese in ihr Produktportfolio aufnehmen. Zum Vernähen der hybriden Halbzeuge können bereits vorhandene Anlagen sowie kommerziell erhältliche Erweiterungen verwendet werden.

Mögliche Anwender der herzustellenden Strukturen können die hybriden Halbzeuge von den Textilherstellern beziehen und mithilfe etablierter Verfahren FML-Bauteile herstellen. In Abstimmung mit den Textilunternehmen ist bei Bedarf eine individualisierte Anpassung des hybriden Halbzeugs an den Anwendungsfall möglich. Unternehmen, die bereits die Vakuuminfusion zur Herstellung von Faserverbundbauteilen nutzen, können dieses Verfahren auf die Herstellung von FML anwenden und entsprechende Strukturen im Zulieferauftrag für entsprechende (End-)Anwender fertigen.

Empfehlungen für weitere Entwicklungen zur Optimierung der Herstellungsverfahren und der Laminateigenschaften wurden in Abschnitt 3.5.3 dargestellt. Auf der Basis der Projektergebnisse können Unternehmen eigene Anpassungen an der Materialzusammensetzung und den Herstellungsverfahren vornehmen und sich dadurch von anderen Unternehmen abgrenzen.

# Literaturverzeichnis


[1] Henning, F. u. Moeller, E. (Hrsg.): Handbuch Leichtbau. Methoden, Werkstoffe, Fertigung. München: Hanser 2011

[2] Werkstoffinnovationen für nachhaltige Mobilität und Energieversorgung, Studie, Eickenbusch, H. u. Krauss, O., 2014

[3] Vogelesang, L.B. u. Vlot, A.: Development of fibre metal laminates for advanced aerospace structures. Journal of Materials Processing Technology 103 (2000) 1, S. 1–5

[4] Jensen, B. J., Cano, R. J., Hales, S., Alexa, J. A., Weiser, E., Loos, A. C. u. Johnson, W. S.: Fiber Metal Laminates made by the VARTM Process. ICCM 17, Edinburgh: 17th International Conference on Composite Materials; 27 Jul 2009 - 31 Jul 2009, Edinburgh International Convention Centre, Edinburgh, UK / the British Composites Society. London: IOM Communications 2009

[5] Sinmazçelik, T., Avcu, E., Bora, M. Ö. u. Çoban, O.: A review. Fibre metal laminates, background, bonding types and applied test methods. Materials & Design 32 (2011) 7, S. 3671–3685

[6] Wu, W., Abliz, D., Jiang, B., Ziegmann, G. u. Meiners, D.: A novel process for cost effective manufacturing of fiber metal laminate with textile reinforced pCBT composites and aluminum alloy. Composite Structures Volume 108, February 2014, Pages 172-180

[7] Hombergsmeier, E.: Development of Advanced Laminates for Aircraft Structures. 25th International Congress of Aeronautical Sciences. 2006

[8] Salve, A., Kulkarni, R. u. Mache, A.: A Review: Fiber Metal Laminates (FML's) - Manufacturing, Test methods and Numerical modeling. INTERNATIONAL JOURNAL OF ENGINEERING TECHNOLOGY AND SCIENCES (IJETS) Vol.6 (1) Dec 2016

[9] Xue, J.: Tensile strength and thermal residual stress of CARALL and UACS/Al laminates, Department of Aeronautics and Astronautics, Kyushu University, Japan Dissertation

[10] Asundi, A. u. Choi, A. Y.N.: Fiber Metal Laminates: An Advanced Material for Future Aircraft. Journal of Materials Processing Technology 63 1997, S. 384–394

[11] Sinke, J., de Boer, H. u. Middendorf, P.: Testing and modeling of failure behaviour in fiber metal laminates. Prüfung und Modellierung des Schadensverhaltens in Faser-Metall-Laminaten. ICAS 2006 proceedings. Hamburg, Germany, 3 - 8 September, 2006

[12] Gupta, M., Alderliesten, R. C. u. Benedictus, R.: Crack paths in fibre metal laminates: Role of fibre bridging. Engineering Fracture Mechanics 108 (2013), S. 183–194

[13] Alderliesten, R.: On the Development of Hybrid Material Concepts for Aircraft Structures. Recent Patents on Engineering 2009, S. 25–39

[14] Barandun, G. A. u. Ermanni, P.: Liquid Composite Moulding. Influence of Flow Front Confluence Angle on Laminate Porosity. Proceedings of the 8th International Conference on Flow Processes in Composite Materials (FPCM-8): 11 - 13 July 2006, Ecole des Mines de Douai, France. Flow processes in composite materials. 2006, S. 89–96

[15] Optimization of resin infusion processing for composite materials. Simulation and characterization strategies, George, A., 2011

[16] Kretschmer, M.: Charakterisierung der mechanischen Eigenschaften von CFK-Stahl-Hybrid-Laminaten in Abhängigkeit der Oberflächenbehandlung der Stahlkomponenten – Analyse und Simulation zur Anwendung in Seitenaufprallträgern. Characterisation of the mechanical properties of CFRP-steel-hybrid-laminates in relation to the surface treatment of the steel-components – analysis and simulation for the usage in side impact beams, Universität Bremen Masterarbeit. Bremen 2017

[17] Müller, L.: Resin Film Pultrusion (RFP). Kosteneffiziente Lösung für eine automatisierte, kontinuierliche Fertigung von CFK-Versteifungsprofilen; Schlussbericht des IGF-Vorhabens. Forschungsberichte aus dem Faserinstitut Bremen, Band 52. Norderstedt: Books on Demand 2016

[18] Composites United e.V.: MAI CC4 HybCar | Carbon Composites e.V. - Das Netzwerk. https://www.carbon-composites.eu/de/projekte/mai-carbon-fe-projekte/produktionssysteme/mai-cc4-hybcar/, abgerufen am: 06.11.2019

[19] NMWP Management GmbH: LHybS – Leichtbau durch neuartige Hybridwerkstoffe. https://portal.nmwp.de/news/view/48101/lhybs-%E2%80%93-leichtbau-durch-neuartige-hybridwerkstoffe, abgerufen am: 05.11.2019

[20] Composites United e.V.: MAI CC4 Hybrid | Carbon Composites e.V. - Das Netzwerk. https://carbon-composites.eu/de/projekte/mai-carbon-fe-projekte/design-und-engineering/mai-cc4-hybrid/, abgerufen am: 05.11.2019

[21] Camberg, A. A., Engelkemeier, K., Dietrich, J. u. Heggemann, T.: Top-down design of tailored fiber-metal laminates. Lightweight Design worldwide 11 (2018) 2, S. 24–29

[22] Camberg, A. A. u. Heggemann, T.: Ein neuer Weg zu Faser-Metall-Laminaten. In: ProduktionNRW, C. M./P. u. c/o VDMA NRW (Hrsg.): Innovationen made in NRW. Schwergewicht Leichtbau. VDMA Verlag GmbH

[23] Mamalis, D., Obande, W., Koutsos, V., Blackford, J. R., Ó Brádaigh, C. M. u. Ray, D.: Novel thermoplastic fibre-metal laminates manufactured by vacuum resin infusion. The effect of surface treatments on interfacial bonding. Materials & Design 162 (2019), S. 331–344

[24] Neitzel, M., Mitschang, P. u. Breuer, U. (Hrsg.): Handbuch Verbundwerkstoffe. Werkstoffe, Verarbeitung, Anwendung. München: Hanser 2014

[25] Cherif, C.: Textile Werkstoffe für den Leichtbau. Techniken - Verfahren - Materialien - Eigenschaften. Berlin, Heidelberg: Springer-Verlag Berlin Heidelberg 2011

[26] Schmidt, H.: Experimentelle Charakterisierung und rechnerische Vorhersage der mechanischen Eigenschaften strukturell vernähter Multiaxialgelege-Laminate.

Zugl.: Kaiserslautern, Techn. Univ., Diss., 2012. Schriftenreihe / Institut für Verbundwerkstoffe, Bd. 105. Kaiserslautern: Inst. für Verbundwerkstoffe 2013

[27] Weimer, C.: Zur nähtechnischen Konfektion von textilen Verstärkungsstrukturen für Faser-Kunststoff-Verbunde. Zugl.: Kaiserslautern, Univ., Diss., 2002. IVW-Schriftenreihe, Bd. 31. Kaiserslautern: IVW 2002

[28] Roth, M. A.: Strukturelles Nähen. Ein Verfahren zur Armierung von Krafteinleitungen für Sandwich-Strukturen aus Faser-Kunststoff-Verbund. Zugl.: Kaiserslautern, Techn. Univ., Diss., 2005. IVW-Schriftenreihe, Bd. 61. Kaiserslautern: Inst. für Verbundwerkstoffe 2006

[29] Eberle, H., Hermeling, H., Hornberger, M., Kilgus, R., Menzer, D. u. Ring, W.: Fachwissen Bekleidung. Haan-Gruiten: Verlag Europa-Lehrmittel 2003

[30] Ogale, A. u. Mitschang, P.: Tailoring of Textile Preforms for Fibre-reinforced Polymer Composites. JOURNAL OF INDUSTRIAL TEXTILES 2004 (Oktober), S. 77–96

[31] Zhao, N.: Nähen als Montageverfahren textiler Preforms und Wirkungen der Nähte auf lokale mechanische Eigenschaften thermoplastischer Faserverbundwerkstoffe, Technischen Universität Dresden Dissertation. Dresden 2009

[32] Mouritz, A. P., Leong, K. H. u. Herszberg, I.: A review of the effect of stitching on the in-plane mechanical properties of fibre-reinforced polymer composites. Composites Part A: Applied Science and Manufacturing 1997 Volume 28, Issue 12, Pages 979-991

[33] Mouritz, A. P., Gallagher, J. u. Goodwin, A. A.: Flexural Strength and Interlaminar Shear Strength of Stitched GRP Laminates Following Repeated Impacts. Composites Science and Technology 1997 Volume 57, Issue 5, 509 -- 522"

[34] Kang, T. J. u. Lee, S. H.: Effect of Stitching on the Mechanical and Impact Properties of Woven Laminate Composite. Journal of Composite Materials 28(16) 1994, S. 1574–1587

[35] Drechsler, K.: Textiltechnik im Flugzeugbau. In: Wechselwirkungen, Jahrbuch aus Lehre und Forschung der Universität Stuttgart. 2004, S. 40–49

[36] Chatzigeorgiou, L., Feiler, M. u. Aoki, R.: Machbarkeitsstudie zum Prozessmonitoringvon Vakuuminfusionsverfahrenmittels Lockin Thermografie. Thermografie-Kolloquium 2003. gemeinsame Fachtagungaller Thermografie-Arbeitsgruppen. DGZfP-Berichtsband, BB 86-CD. Universität Stuttgart 2003, S. 83–90

[37] Kenerson, J. E.: Quality Assurance and Quality Control Methods for Resin Infusion, University of Maine Masterthesis. Maine, USA 2010

[38] Baumert, E. K., Johnson, W. S., Cano, R. J., Jensen, B. J. u. Weiser, E. S.: Mechanical Evaluation of new Fiber Metal Laminates made by the VARTM Process. Proceedings of the ICCM-17. Edinburgh, Schottland, 2009

[39] Tuncol, G.: Modeling the vacuum assisted resin transfer molding (VARTM) process for fabrication of fiber/metal hybrid laminates, Michigan State University Dissertation 2010

[40] vacman's notes: Vapour – the unseen enemy in composites, 2012. https://www.vacmobiles.com/vapour_pressure.html, abgerufen am: 12.11.2018

[41] Leclerc, J. S. u. Ruiz, E.: Porosity Reduction using optimized flow velocity in Resin Transfer Molding. Composites Part A: Applied Science and Manufacturing 2008 (2008) Volume 39, Issue 12, S. 1859–1868

[42] Pearce, N., Guild, F. u. Summerscales, J.: A study of the effects of convergent flow fronts on the properties of fibre reinforced composites produced by RTM. Composites Part A: Applied Science and Manufacturing (1998) Volume 29, Issues 1–2, S. 141–152

[43] Cullen, R. K., Grove, S. M., Summerscales, J. u. Dhakal, H. N.: Flow Convergence and Void Formation in Resin-Infused Cored Sandwich Structures. The 9th International Conference on Flow Processes in Composite Materials

[44] Siebertz, K., van Bebber, D. u. Hochkirchen, T.: Statistische Versuchsplanung. Design of Experiments (DoE). VDI-Buch. Heidelberg: Springer 2010

[45] Kleppmann, W.: Taschenbuch Versuchsplanung. Produkte und Prozesse optimieren. Praxisreihe Qualitätswissen. München: Hanser 2011

[46] COMM/RTD: Final Report Summary - SAFEGUARD (Second Generation Unit Load Device to improve the Security and Efficiency of the Aerospace Logistics Industry) | Report Summary | FP7 | CORDIS | European Commission, 2019. https://cordis.europa.eu/project/rcn/101433/reporting/de, abgerufen am: 14.11.2019

[47] P-D Glasseiden GmbH Oschatz: Datenblatt KN G 800M2. Oschatz 2012

[48] R&G Faserverbundwerkstoffe GmbH: Glasfasern. https://www.r-g.de/wiki/Glasfasern, abgerufen am: 22.11.2018

[49] Hexion Inc.: Product Bulletin EPIKOTE™ MGS™ RIMR 035c Resin System. Columbus (Ohio), USA 2016

[50] Lauter, C.: Entwicklung und Herstellung von Hybridbauteilen aus Metallen und Faserverbundkunststoffen für den Leichtbau im Automobil. Zugl.: Paderborn, Univ., Diss., 2014. Schriftenreihe Institut für Leichtbau mit Hybridsystemen, Bd. 2014,4. Aachen: Shaker 2014

[51] Werner, H. O., Stern, C. u. Weidenmann, K. A.: Location-Dependent Mechanical Properties of In Situ Polymerized Three-Dimensional Fiber-Metal Laminates. Key Engineering Materials 809 (2019), S. 231–236

[52] H+S Präzisionsfolien GmbH: Technisches Informationsdatenblatt unlegierter Stahl DC04 W.Nr. 1.0338. Pirk 2014

[53] Vlot, A. u. Fredell, R. S.: IMPACT DAMAGE RESISTANCE AND DAMAGE TOLERANCE OF FIBRE METAL LAMINATES. In: Miravete, A. (Hrsg.): Proceedings of the ninth International Conference on Composite Materials (ICCM/9). Madrid, 12 - 16 July, 1993. Zaragoza: Univ. of Zaragoza 1993

[54] IMS Deutschland GmbH: 3.1355, EN AW-2024, AlCu4Mg1. Datenblatt. https://www.ims-deutschland.de/files/Datenblatter/IMSsbdis-fichetech-enaw-2024.pdf

[55] Amann & Söhne GmbH & Co. KG: Produktdatenblatt K-tech 75. Bönnigheim 2014

[56] Amann & Söhne GmbH & Co. KG: Produktdatenblatt Serafil 60

[57] Hillger, W. u. von Wachter, F. K.: Ultraschallprüfung an Faserverbundkunststoffen Grundlagen, Methoden der bildhaften Darstellung und Ergebnisse. Materialwissenschaft und Werkstofftechnik 22 (1991) 6, S. 217–224

[58] Bisle, W., Meier, T., Müller, S. u. Rückert, S.: In-service inspection concept for GLARE (registered trademark). An example for the use of new UT array inspection systems. Konzept zur Wiederholungsprüfung mit GLARE. Ein Beispiel für den Einsatz des neuen Ultraschall-Prüfsystems. 9th European Conference on NDT. ECNDT Berlin 2006; September 25 - 29, 2006. DGZfP-Proceedings BB, 103-CD. Berlin 2006

[59] Ricciardi, M. R., Antonucci, V., Durante, M., Giordano, M., Nele, L., Starace, G. u. Langella, A.: A new cost-saving vacuum infusion process for fiber-reinforced composites: Pulsed infusion. Journal of Composite Materials 48 (2014) 11, S. 1365–1373

[60] Carbon Composites e.V. (Hrsg.): Composites-Marktbericht 2015. Marktentwicklungen, Trends, Ausblicke und Herausforderungen

[61] Serienproduktion von hochfesten Faserverbundbauteilen. Perspektiven für den deutschen Maschinen- und Anlagenbau, Studie, Lässig, R., Eisenhut, M., Arne Mathias, A., Schulte, R. T., Peters, F., Kühmann, T., Waldmann, T. u. Begemann, W.

[62] Friedrich, H. E. (Hrsg.): Leichtbau in der Fahrzeugtechnik. ATZ / MTZ-Fachbuch. Wiesbaden: Springer Vieweg 2017

[63] http://www.automobil-produktion.de/2011/04/kosten-fuer-cfk-bauteile-um-90-prozent-senken/, abgerufen am: 14.11.2013

[64] c3 cost calculation consulting GmbH

[65] Kalkulation der Massen und Kosten von Luftfrachtcontainern. Berichtsreihe (DLR-Interner Bericht, andere) IB 131-2015/047, Bartsch, I. u. Ückert, C., Braunschweig 2015

[66] Windkraft im Gespräch. „Strikter Leichtbau und gezielter Materialmix“. Maschinenmarkt COMPOSITESWORLD Sonderausgabe, Februar 2014